轻松学会
家庭资产
高效配置

袁淑苹◎著

中国铁道出版社有限公司

CHINA RAILWAY PUBLISHING HOUSE CO., LTD.

图书在版编目（CIP）数据

轻松学会家庭资产高效配置/袁淑苹著.—北京：
中国铁道出版社有限公司，2024.5
ISBN 978-7-113-30887-2

Ⅰ.①轻… Ⅱ.①袁… Ⅲ.①家庭-金融资产-配置-
基本知识 Ⅳ.①TS976.15

中国国家版本馆CIP数据核字（2024）第054498号

书　　名：**轻松学会家庭资产高效配置**
　　　　　QINGSONG XUEHUI JIATING ZICHAN GAOXIAO PEIZHI

作　　者：袁淑苹

责任编辑：杨　旭　　　　编辑部电话：（010）51873274　　　电子邮箱：823401342@qq.com
封面设计：宿　萌
责任校对：刘　畅
责任印制：赵星辰

出版发行：中国铁道出版社有限公司（100054，北京市西城区右安门西街8号）
印　　刷：天津嘉恒印务有限公司
版　　次：2024年5月第1版　2024年5月第1次印刷
开　　本：710 mm×1 000 mm 1/16　印张：11.75　字数：213千
书　　号：ISBN 978-7-113-30887-2
定　　价：69.00元

前　言

随着国家经济的不断发展，家庭消费和财务管理的需求逐渐增加，但大部分投资者缺乏投资知识，几乎没有对家庭财务进行规划、对资产进行科学配置的理念。很多投资者也不了解投资风险，往往被高息收入吸引，导致资金遭受损失。

家庭资产配置不仅适合高净值家庭，对普通工薪家庭也同样适用。所谓"凡事预则立，不预则废"，家庭资产配置也是同样的道理，资产要有配置、有规划才会越积累越多，正如大家所讲的"你不理财，财不理你"。笔者在金融系统工作十余年，既接触过成百上千的投资者，清楚他们在家庭资产配置中的需求，也处理过几百起破产案件，了解其中所遇到的问题和艰辛，因此，笔者希望将自己的资产配置、投资经历和理解撰写成文、整理成册，与大家分享探讨。

在笔者接触的客户中，大家经常遇到的问题主要有以下几个：

（1）很少有简单易懂成体系的资产配置书籍可供阅读。

（2）大部分投资教学书籍专业性比较强，普通人学习起来难度大，不易理解。

（3）对于家庭资产配置，大家真正关心的是如何选择投资产品、有什么投资策略和投资方法、如何进行风险管理、如何进行投资实际操作等内容，而大部分书籍比较重视理论讲解，在实操和干货上面的内容比较少。

基于此，本书将主要以产品和新近的市场信息为例展开讲解，尽可能做到通俗易懂和操作性强。本书通过对产品概念进行介绍，结合时下的具体企业、具体市场走向进行分析剖解，深入浅出地引导大家了解"宏观→策略→行业→标的"这样一个自上而下的配置流程，有理论有实例，有方法有策略，旨在让读者真正掌握资产配置的方法和流程，能根据自己的家庭财务状况制定个性化的家庭资产配置方案并予以实施。

　　本书是建立在笔者经历的所有投资标的之上的描述。投资和资产配置是一个长期且有价值的过程，不能一蹴而就。家庭财务规划和资产配置越早学习效果越好，一方面，要保证资产的保值、增值；另一方面，要防范资产的大幅缩水。从某种程度上来讲，我们学习的规划不仅仅是财务规划和资产配置，还是我们的人生规划。

　　"有规划的人生叫蓝图，没有规划的人生叫拼图"，这句话在资产配置和财务规划上同样适用。有规划就有章法，有规划就有解决方案。想要活得自在，想要达到人生的财务自由，做好资产配置是必经之路，因为资产配置能够让我们到达更远的地方。

袁淑苹

2023 年 12 月

| 目 录 |———————————————

第 1 章

为什么要做资产配置

每个人都想富有地过好这短短的一生，可是有多少人认真思考过下面几个问题：

➤ 每天认真工作就一定能致富吗?

➤ 到底需要多少钱才能实现财务自由?

➤ 做资产配置的目的就是赚很多钱吗?

对于这些问题，每个人都有自己的答案，因为大家的经济状况及所处的阶段不同，对财富的认知有差别，对生活的期望值也有出入。但是，大家都不想为了金钱而发愁，都想拥有幸福美满的人生。

1.1 资产配置的必要性

资产配置的必要性有以下几点：

一是降低投资风险。常言道："不要把鸡蛋全部放在一个篮子里。"因为一旦篮子被打翻了，鸡蛋也就全碎了。由此可见，持有单一资产的抗风险能力不尽如人意。通过科学合理的资产配置，通过不同资产的组合管理，可以有效降低投资风险，获取最大化的投资回报，同时降低投资组合的波动率。

比如一个家庭的全部资产是房产，那么就会有政策性风险和流动性风险。一方面，卖房的约束条件增多；另一方面，转换周期延长，如果遇到突发事件，房子就有可能沦为有价无市的商品，在极端情况下，一套房可能还不如一袋大米可贵。

二是投资成功的关键。有研究表明，在投资获取收益的归因分析当中，90%以上的收益来自合理的资产配置。在债券型基金、上证指数、偏股型基金、银行三年期定期存款、银行理财产品和上海房产这六类投资产品中，上海房产在2000年底至2016年的年化收益率超过16%，跑赢了通货膨胀，这也是大家坚定信心去一线城市买房的原因。可是你会发现，偏股型基金的投资收益回报率在过去的15年里基本达到上海房产的收益水平。

有些风险厌恶型投资者是不太愿意选择偏股型产品组合的。实际上，与其选择单一的投资产品，不如适当地进行资产配置，收益可能会更优。

三是财务优化的需要。"鸡蛋不能放在一个篮子里"就是最简单的资产配置方案，告知大家不要把资产集中配置在同一类产品里，需要进行分散配置。

就是这样简单的三种金钱分配方式，在今天看来也是非常有智慧的。过去20年房地产市场的表现告诉我们，买房不仅可以满足自己居住的需求，而且可以实现保值、增值；而实业投资和金融产品投资有较强的专业性，并且存在高风险和不确定性，但预期收益也相对较高，2020年市场上翻倍的基金随处可见；

而存起来的现金则充分兼顾了流动性的需要。

大家做好资产配置，不仅仅是配置不同的投资品种以获取最大化的投资收益，更是在现有的基础上更合理地安排和控制消费支出，有前瞻性地增加储蓄，加强财富的积累和管理以用于未来的支出，当面对投资规划、风险管理、教育规划、保险规划、养老规划及家族财富传承等重要决策时，能够更好地管理自己的财富和规划自己的人生。

1.2　资产配置的主体分类

在进行资产配置之前，我们需要先确定基本假设，即国家经济正常运行，行业周期正常轮回，暂时不考虑出现大自然的毁灭性灾难、大范围的系统性风险及其他特殊情况，然后针对资产配置涉及的三个主体——个人、家庭、机构，讨论如何进行资产配置。

1.2.1　个　　人

虽然每个人所处环境、职业生涯阶段、财务目标、资产状况及风险承受能力有所不同，可以使用的金融工具也不尽相同，但是每个人在开始做资产配置或投资理财之前都需要考虑这几个方面，即投资时间、投资目的、资金用途、风险承受能力、期望收益、投资产品选择和资产配置再调整。

● 投资时间：确定了投资时间可以帮助大家选择金融产品。如果短期（一年以内）需要用到资金，就不要配置流动性弱的产品，比如房产、私募股权等投资周期长的产品。

● 投资目的：如果不想分散风险，应选择参与分享国家经济飞速发展的红利，以追求高回报。

● 资金用途：不同用途的资金用于配置不同风险系数和不同预期收益的产品，比如教育和养老资金尽量不要用于配置风险系数较高的产品，因为一旦面临巨大亏损将会影响教育目标和养老目标的实现。

● 风险承受能力：一个人的风险承受能力主要根据个人的生命周期及收入水平来确定。如果一个人属于青壮年且收入水平高，那么其风险承受能力相对较强，可供选择的投资产品种类多样；相反，如果一个人处于老年阶段且收入水平一般，那么其风险承受能力相对较弱，资产配置则需要偏保守，以确保晚年生活平稳、幸福。

• 期望收益：期望收益往往和风险承受能力息息相关，高收益对应高风险，低回报对应低风险；低风险高回报的产品往往隐藏着骗局。所以，大家一定要在自己的风险承受能力范围内配置投资产品，以取得一定范围内的最大回报。

• 投资产品选择：在确定以上因素的基础上，资产配置的投资组合就会出现。在实际操作中，往往没有我们在做选择时所考虑的那么复杂，更不会根据个人的投资喜好做相关参考。比如一位风险厌恶型投资者可以配置一定比例的债券型基金，但是由于该投资者完全不了解债券型基金的"前因后果"，不愿意承受一些未知的风险，就可以选择银行存款或银行理财进行配置。有些投资者偏爱股权投资，有些投资者偏爱信托，还有些投资者对实业投资、商业投资尤其偏爱，那么这些投资者就会充分考虑自己对投资产品的喜好进行相应的资产配置调整。

• 资产配置再调整：由于一个人所处的环境和个人财务状况会不断发生变化，所以大家会在一定的时间段内进行一定程度的资产配置再调整。个人资产配置的灵活度相对较高，受个人生命周期及职业生涯的影响较大，因此，制定一套科学合理的个人资产配置方案，对于保证个人收支平衡、保障财务安全及实现资产保值、增值非常重要。

1.2.2 家　　庭

家庭资产配置的考量相对于个人资产配置的考量而言会更复杂也更完善，除了涉及个人资产配置的考虑因素，还会考虑家庭整体的财务管理、风险管理、税务筹划、家族财富传承等因素，具体内容如图 1-1 所示。

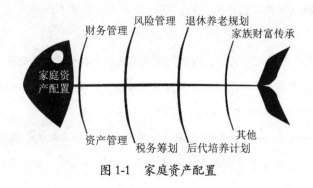

图 1-1　家庭资产配置

●财务管理：一家企业有财务部，一个家庭也应该有"财务部"，家庭"财务部"的主要任务是对家庭的基本财务状况进行分析，如资产负债分析、收支分析和家庭现金流分析，帮助家庭成员养成记账的习惯，同时制定家庭日常财务预算。通过对家庭财务进行分析，摸清家庭目前的财务状况，目的是与资产配置目标进行匹配，确定是否存在资金缺口。如果家庭资产有 100 万元，那么实现 8 万元的收益目标就很容易，并且可以适当提高资产配置目标。如果想要实现的收益目标是 120 万元，则说明资产和收益目标之间有差距，这时就需要采用调整收益目标到合理范围、拉长收益目标实现的时间、通过资产配置让资产增值等多种方法进行调整，以确保家庭各类目标的实现。

●资产管理：梳理家庭的资产总量，形成详细的报表；汇总家庭已有的资产配置情况，最终确定可以用于再投资的现金流情况。

●风险管理：梳理家庭成员或家族企业的保险资料，了解家庭成员的健康状况、生活方式、风险承受能力及风险管理目标，明确家庭成员在财务风险管理中的愿望。

●税务筹划：查阅与收入有关的税务文件，评估目前税务筹划的策略和结构是否合理，是否有更好的税务调整方案。

●退休养老规划：根据家庭成员的养老目标来衡量财务是否支持，以及要达到退休养老目标的各种取舍。

●后代培养计划：家族子女的未来规划、财务匹配。

●家族财富传承：家族财富传承安排，评估各类传承方案的优缺点，制定详细的实施步骤。

●其他：如旅游规划、留学规划等。家庭资产配置相对于个人资产配置而言更系统，涉及的范围更广，考虑的问题更深入。资产配置方案往往需要取得家庭成员的一致认可才能更好地得以实施。

1.2.3　机　　构

机构投资者包括养老金、主权财富基金、大学捐赠基金、私有基金会、银行和保险机构等，往往由一家甚至多家机构合作完成投资。由于机构的资金实力比较雄厚，所以资产配置的受托机构相对比较专业，产品选择比较多元化，在收益上有严格的考核机制，感兴趣的读者可以自行查阅相关资料，这里就不再赘述了。

1.3　如何跑赢通货膨胀

作为一个普通人，你有没有思考过怎样做才能让自己的资产跑赢通货膨胀？

所谓通货膨胀，可以简单地理解为钱越来越不值钱。通货膨胀是如何影响我们收入的呢？通货膨胀是一种常见的经济现象，适度的通货膨胀是有利的，它对工作岗位的创造和经济的增长有一定的刺激作用。当市场上的物价开始上涨时，工厂或公司里的劳动力就会要求涨工资，这样才能维持一个家庭目前的生活质量和水平，也就是我们经常说的"购买力"。但在实际生活中，你会发现一种有趣的现象，那就是你工资上涨的速度永远赶不上通货膨胀的速度，你存钱的速度永远赶不上货币贬值的速度。所以，你每月拿到多少钱就相当于你有多少购买力。

在通货膨胀的作用下，工资的上涨有时会给你造成一种错觉，本以为是工资上涨，实际上却是相反的。举个例子：

2014 年，小王看中了一套 120 平方米的房子，售价是每平方米 1 万元，小王的月收入是 8 000 元，小王觉得有点儿贵，没有买。2017 年，当小王准备下手的时候，其售价已经涨到每平方米 18 000 元，而小王的月收入只涨到 10 000 元，看似工资上涨了不少，但是工资上涨的速度完全赶不上房价上涨的速度。我们来看看这个差异。

（1）2014 年买房总价为 120 ㎡ ×10 000 元 / ㎡ =120 万元，小王的月收入为 8 000 元。小王应工作 120 万 ÷0.8 万 =150 个月。

（2）2017 年买房总价为 120 ㎡ ×18 000 元 / ㎡ =216 万元，小王的月收入为 10 000 元。小王应工作 216 万 ÷1 万 =216 个月。

消费者物价指数（CPI）是反映与居民生活有关的消费品及服务价格水平变动情况的重要宏观经济指标，也是宏观经济分析与决策及国民经济核算的重要指标。一般而言，CPI 的高低直接影响着国家宏观经济调控措施的出台与力度，如央行是否调息、是否调整存款准备金率等。同时，CPI 的高低也间接影响着资本市场（如股票市场、期货市场、金融市场）的变化。

消费者物价指数测量的是随着时间的变化，包括 200 多种各式各样的商品和服务零售价格的平均变化值。这 200 多种商品和服务被划分为八个主要类别。在计算消费者物价指数时，每个类别都有一个能显示其重要性的权数。这些权数是通过调查成千上万家庭和个人购买的商品和服务来确定的。权数每两年修正一次，以便与人们改变了的偏好相符。

CPI 是度量通货膨胀程度的一个重要指标。通货膨胀是物价水平普遍而持续的上升。CPI 的高低可以在一定水平上说明通货膨胀的严重程度。CPI 的计算公式为（一组固定商品按当期价格计算的价值 ÷ 一组固定商品按基期价格计算的价值）×100。一般来说，当 CPI 大于 3% 的增幅时，我们称为通货膨胀；当 CPI 大于 5% 的增幅时，我们称为严重的通货膨胀。

通货膨胀翻译成大白话就是原本用 100 元可以买到 100 元的商品，但由于通货膨胀，用 100 元只能买到 90 元的商品，货币的购买力下降，钱不值钱了。

对于普通人来说，怎样让自己的资产跑赢通货膨胀呢？

在当今社会中，普通人可以接触的理财和投资有哪些呢？与通货膨胀对抗，又有哪些结果呢？

我们日常接触到的理财和投资主要有以下三种：

第一种是低风险的，比如银行存款、银行理财等。

第二种是有一定风险的，比如商铺投资、实体创业等。

第三种是风险相对比较大的，比如股票、房产、基金等产品。

第一种理财和投资的收益肯定是跑不赢通货膨胀的，优点是保值，至少本金不会有亏损；缺点是贬值。表 1-1 为大额存单的利率情况。

表 1-1　大额存单的利率

期　　限	基准利率	20 万元起上浮 47%	50 万元起上浮 48%	100 万元起上浮 52%
6 个月	1.30%	1.91%	1.92%	1.98%
1 年	1.50%	2.21%	2.22%	2.28%
2 年	2.10%	3.09%	3.11%	3.19%
3 年	2.75%	4.04%	4.07%	4.18%

第二种理财和投资的收益可以与通货膨胀形成对冲，基本可以跑赢通货膨胀，优点是保值、增值；缺点是投入资金量大，门槛相对较高，普通人购买

三五套房子需要具有一定的经济实力，而商铺的租金回报率也会因城市规模和地段的不同而有较大的差异。

目前有不少商铺的租金回报率为3％～6％，完全跑不赢通货膨胀，甚至跑不赢一些股份制银行的定期存款和理财产品的收益率。这类商铺主要集中在三、四、五线城市，虽然投资门槛较低，少则几十万元，多则上百万元，但是租金收益非常低，不值得投资，属于不合格商铺。甚至有些人图一时便宜，购买了小区周边位置不好的商铺，买了之后才发现根本没人承租，因为商铺周围的商业发展不起来，想卖掉又找不到人接盘，只能搁置在手里，不仅占用了资金，而且每个月还要偿还银行贷款，还不如购买银行大额存单或银行理财，起码流动性更好一些。

租金回报率为7％～10％的商铺基本都是合格的商铺，因为它跑赢了市面上大部分理财产品的收益率，并且能够抵抗通货膨胀。不过这类商铺的投资门槛非常高，主要集中在一线、新一线、强二线城市，少则几百万元，多则上千万元。投资者需要耐心地等待这样的商铺出现，且大部分是新商铺。

租金回报率达10％～15％的商铺，非常稀有，主要集中在强一线和新一线城市的中心地带，大家可以参考各个城市有名的商业中心，这些商铺都采用只租不卖的模式。

第三种理财和投资的收益最高，完全可以跑赢通货膨胀，收益翻几倍也是有可能的；缺点是风险大，专业性比较强。

之所以要把房产与股票、基金放在一起，是因为在过去大家已经体会到房产的增长潜力，无论在什么时候，能够战胜通货膨胀的最好投资无非就是金融或房产，两者取其一，表1-2为2007—2017年投资不同资产的收益率。

从这张表1-2中我们可以看到，在2007—2017年股票和房产的收益率都是非常高的。

2007年投资的房产到2017年的收益率可以达到766.17％，完全碾压通货膨胀。而对于股票来说，则是一种周期性投资，比如2007年投资的股票，持有至2017年，收益率其实仅有97.50％左右。

表 1-2　2007 年—2017 年不同资产的收益率

年　份	上证 50	沪深 300	房　产	黄　金	原　油	企债指数	定期存款	创业板
2007	58.47%	97.50%	766.17%	106.65%	4.10%	78.12%	31.98%	—
2008	−32.31%	−24.49%	575.37%	57.04%	−36.11%	88.46%	26.74%	—
2009	106.66%	121.76%	561.16%	51.86%	67.86%	60.93%	23.95%	—
2010	12.33%	18.70%	238.01%	−10.70%	−21.01%	38.31%	20.12%	73.20%
2011	44.66%	28.85%	278.11%	−6.85%	−33.71%	48.80%	17.98%	54.06%
2012	76.82%	71.83%	231.38%	−16.57%	−42.40%	43.77%	13.99%	140.27%
2013	53.97%	59.77%	199.33%	−21.06%	−44.22%	33.75%	10.67%	145.52%
2014	81.64%	73.00%	158.17%	9.33%	−44.37%	28.16%	7.44%	34.36%
2015	10.80%	14.07%	163.93%	9.53%	11.56%	17.87%	4.57%	19.09%
2016	18.16%	8.04%	150.38%	23.65%	71.69%	8.30%	3.02%	−35.42%
2017	25.08%	21.78%	14.57%	13.32%	11.69%	2.13%	1.50%	−10.67%

　　但是，如果你懂得利用估值的判断和周期的规律进行股票投资，结果就完全不一样了，可能还会赶超房产的增值幅度。也就是说，在大家能接触到的大类资产投资里，只有股票和房产能跑赢通货膨胀。

　　总之，大部分收益都是无法覆盖通货膨胀的，因为经济的发展主要是靠投资拉动的，鼓励投资是各级政府的主要工作。投资者如果有条件，那么最好通过一定的风险投资来获得较高的回报。

　　同时，不同的风险对应不同的投资产品，自然也对应不同的收益，而对于对冲通货膨胀来说，也会有不同的结果。想要跑赢通货膨胀达到保值甚至增值的目的，我们只能选择一些有风险或有较大风险的投资产品，而不能选择保守的定期存款。但是，如果你不愿意尝试风险，那么你就需要接受资产贬值的事实。对于这种取舍，笔者的建议是根据自己的风险偏好和年龄来进行衡量。

1.4　远离财富缩水的焦虑

要想远离财富缩水的焦虑，我们首先要搞清楚财富为什么会缩水，以及财富缩水的几种情况。

1.4.1　投资失败

很多人投资失败往往是因为不了解产品及产品的风险，而且喜欢满仓操作，一旦投资失败，肯定损失惨重。

当你手上有1万元、100万元和1 000万元时，做投资决定的难易程度是不一样的。当你手上只有1万元时，将其存银行和买基金的收益好像差别不大；当你手上有100万元时，想要合理地分配这笔钱，可能就需要找专业的理财经理帮你算一笔账，看看购买哪种产品的收益更好；当你手上有1 000万元时，恐怕你不仅仅想要收益更好，还可能期望财富快速增长，这时成功的投资就显得更为重要了。

多数人买彩票中了一大笔钱，在短暂的兴奋过后，可能会陷入更深的焦虑。

- 钱拿在手上迅速贬值，如何理财才能让资产不缩水？
- 找我投资的人越来越多，如何作出正确的决策？
- 想把财富传给后代，如何避免他们随意挥霍？
- 如何做才能保全这笔财富？

其实，这些问题也是困扰很多家庭的理财难题。不管你拥有的资产是5万元还是100万元，首先要考虑的是本金安全，其次要寻求可以保值、增值的理财方案。所以，无论哪位理财经理向你推荐高收益产品，你一定要先考虑本金是否安全，再去考虑收益情况，这是最基本的原则和底线，不盲目购买自己不熟悉的产品，就可以避免90%以上的投资失败。

1.4.2　通货膨胀

2021年，全球货币"放水"势不可当，不可避免地带来通货膨胀，对于轻微的通货膨胀可以承受，但对于特别严重的通货膨胀就会难以承受。

当那些多印出来的货币流入股市或大宗商品市场时，全球股票和大宗商品的价格就会猛涨。2021 年的大宗商品大幅涨价和年尾股市狂跌就是佐证。值得警惕的是，在全球一体化的今天，没有局外人，2021 年在股市里亏损几百万元的大有人在，白花花的钱在股市里蒸发了，而且还是在很短的时间内。

伴随着大宗商品和原材料价格的暴涨，国内同样面临着复杂而严峻的输入型通货膨胀，比如国际铁矿石价格猛涨，国内汽车、零部件价格也可能会随之上涨。那么，我们怎么才能让手里的财富不缩水呢？

答案很简单，就是寻求能力范围内可投资的优质资产，同时一定要匹配自己的风险承受能力。如果有一点不匹配，那么你就要承担超出能力范围的风险，结果可能也是十分悲哀的。如果你什么都不懂就什么都别碰，老老实实地把钱放在银行里，或者继续投资自己擅长的领域，而不要到处乱投资。

1.5　复利的魅力

欲速则不达，说的是我们做事情要循序渐进，一味地追求速度反而达不到想要的结果。投资最终成功与否有一个特别神奇的影响因素——复利。那么，什么是复利？复利是指在计算利息时，某一计息周期的利息是由本金加上先前周期所积累的利息总额来计算的计息方式，也就是我们通常所说的"利说利""利滚利"。那么，复利计算和单利计算的差距有多大呢？

举个简单的例子，见表 1-3。

表 1-3　单利和复利收益对比

金　额	收 益 率	计算方式	每年回报	十年后本息	财富增长倍数
10 万元	20%	单利	2 万元	30 万元	3 倍
金　额	收 益 率	计算方式	每年回报	十年后本息	财富增长倍数
10 万元	20%	复利	—	62 万元	6.2 倍

在单利和复利不同的计算方式下，十年后的本息金额差达到 30 多万元，这是因为复利的本质是上一年的利润在下一年也成为本金，使得利润继续带来回报。

1.5.1 资产指数级增长

所谓指数级增长是指一个变量增长的速度与它此时的数量成比例，它和复利都是经济学中重要的分析工具。指数级增长的示意如图1-2所示。

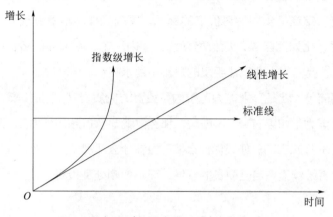

图1-2 线性增长和指数级增长曲线对比

当一个变量从一个时期以固定比率开始增长时，指数（或几何）级增长就发生了。比如，当数量为200的人口每年以3%的比率增加时，在起始年份（第0年），人口数为200；第1年人口数为200×1.03；第2年人口数为200×1.03×1.03……以此类推。

当货币被连续投资时，如果获得复利，就意味着过去的利息也产生了利息，能够赚取复利的货币就会呈指数级增长。一句话概括为指数级增长就是同样的时间、等量的货币资金获得收益最大化的一种形式。

大家要想获得资产的指数级增长，一方面要学会选择投资工具，另一方面要学会使用杠杆。

关于选择投资工具，如果只是把钱存在银行里，那么收益就会呈线性增长，因为银行的存款利率一般比较低，按照一年期定期存款的利率1.5%，10 000元存一年的利息收入是150元；但是，如果购买的是一只成长性的优质股票，并稳定持有10年以上，那么收益少则翻几倍，多则翻百倍。

在资产配置中要想收益呈指数级增长，除了要选择优质产品进行投资，还要学会使用杠杆。当然，杠杆不能乱用，在后面的章节中会详细讲解。

1.5.2　做时间的朋友

为什么要做时间的朋友? 因为复利的神奇之处一定要在长久的时间上才能更充分地体现出来。我们来看复利的计算公式:

$$S = P(1 + i)^n$$

式中, P——本金; i——收益率; n——持有期限; S——终值。

公式中的 n 就代表了时间, 从公式本身来看, 只要 n 的取值越大, S 值就会越大, 那么, 在相同收益率的情况下, 时间越久, 投资取得的收益就会越大。巴菲特说:"投资就像滚雪球, 重要的是找到很湿的雪和很长的坡。"其中,"很湿的雪"就是 i(收益率),"很长的坡"就是 n(持有期限)。

巴菲特的投资收益率大致可以分为如下三个阶段:

第一阶段是 1957—1964 年, 共 8 年, 年化收益率大约是 28%。

第二阶段是 1965—1984 年, 共 20 年, 年化收益率大约是 22%。

第三阶段是 1985—2004 年, 共 20 年, 年化收益率大约是 22%。

很多人认为, 巴菲特之所以能够成功, 一定是因为他在股市上分秒必争的频繁操作。实际上, 巴菲特采用的是低风险投资策略, 追求长期回报。巴菲特擅长购买市盈率在 15 倍以下的优秀公司股票, 持有期限通常在三年以上, 甚至会一直持有。他在选择优质企业和持有优质企业上面花费的时间非常多, 一旦选定了企业, 就会耐心持有。所以, 要想把复利的作用发挥到最大, 一定要学会做时间的朋友。

1.6　撬动财富的杠杆

这里所说的杠杆主要是指"金融杠杆", 是用来放大投资结果的工具, 使用金融杠杆会使最终的投资结果以一个固定的比例增加, 无论是获利还是损失, 杠杆在成倍增加投资收益的同时, 也在同样成倍地放大投资风险。并且杠杆主要用于期货和外汇市场, 其本质就是以小博大。所以, 大家在使用金融杠杆进行资产配置之前, 需要认真分析投资产品的预期收益, 并且测算可能会遇到的风险。

使用金融杠杆较为安全的做法是把收益预期尽量缩小，把风险预期尽量放大，类似于做最充分的准备和最坏的打算。采用这样的决策所得到的结果相对具有可控性；否则盲目使用杠杆很有可能会面临爆仓。由于在使用金融杠杆的时候现金流的支出可能会不断增加（增补保证金），这就需要考虑一旦资金链断裂，自己是否有其他方案来应对。

举例：投资者小张在 2021 年买了 10 万元的京东方（股票代码为 000725）股票，年化收益率达到 20%，即他用 10 万元的本金赚了 2 万元。但小张并不满足，他想扩大自己的收益率，于是使用了杠杆。他向银行借了 10 万元，假设银行贷款年化利率为 5%，也就是一年后连本带息还银行 105 000 元。这时小张手里连本带借有 20 万元，他拿着这 20 万元再去买股票，像 2020 年一样稳稳地将投资年化收益率做到了 20%，赚了 4 万元。小张连本带息地归还银行的105 000 元后，剩余 135 000 元，收益率达到 35%，数据对比见表 1-4。

表 1-4　杠杆对收益的影响

项　　目	没有杠杆	有 杠 杆
本金（万元）	10	10
借入资金（万元）	0	10
可投资资金（本金 + 借）（万元）	10	20
年化收益率	20%	20%
减去利息（万元）	0	0.5
最终收益（万元）	2	4
收益率	20%	35%

从以上数据对比中我们可以看到，小张使用了金融杠杆，用 10 万元本金撬动了 20 万元的投资，扩大了自己的收益率。当然，金融杠杆也是一把双刃剑，如果小张运气不好，遇到股市行情大跌，导致他的投资收益率为 −10%，那么此时的数据对比见表 1-5。

表 1-5   杠杆对亏损的影响

项　　目	没有杠杆	有 杠 杆
本金（万元）	10	10
借入资金（万元）	0	10
可投资资金（本金＋借）（万元）	10	20
年化收益率	−10%	−10%
减去利息（万元）	0	0.5
最终收益（万元）	−1	−2.5
收益率	−10%	−25%

不难看出，同样是 −10% 的年化收益率，不使用杠杆小张只亏损 10%，而使用杠杆小张就亏损了 25%。

所以，这里特别提醒，金融杠杆是一把双刃剑，在放大收益的同时也放大了风险。如果投资者要使用金融杠杆，一定要把比率控制在自己的承受能力范围之内。如果超出自己的承受能力使用金融杠杆，一旦遇到市场下行，风险将会无限扩大。

1.7   风险控制与风险管理

风险就是投资与收益结果之间的不确定性，大致有两层含义。

第一层含义强调风险表现为收益的不确定性，也就是投资产品的收益不确定，除了固定收益的产品，其他不少产品的收益都是随着市场行情波动的。

第二层含义强调风险表现为成本或代价的不确定性。如果风险表现为收益或代价的不确定性，则说明风险可能带来损失、获利或既无损失也无获利，尤其是在一个新的投资品种进入市场时，这种风险表现尤其明显，比如比特币进入市场时所带来的前所未有的风险等。如果风险表现为损失的不确定性，则说明风险只能表现出损失，没有从风险中获利的可能性。但是，风险和收益往往成正比，所以，一般积极进取的投资者偏向于高风险是为了获得更高的利润，而稳健型投资者则着重于安全性的考虑。

控制和管理好风险对于资产配置尤为重要。假设风险管理是 1，那么收益就是后面的 0，如果没有做好风险控制和风险管理，那么后面的 0 既不存在，也不具有意义。

1.7.1 风险控制

风险控制是指在投资还没有开始时我们就采取各种措施和方法，比如筛选投资品种、减少投资金额、咨询专业人员等，以消灭或减少风险事件发生的各种可能性，或者将资产配置中面临的损失尽可能地控制在最小范围之内。很多人并不愿意花太多的时间去考虑如何规避风险，毕竟人们对风险总是存在厌恶情绪，有时候甚至有点儿像讳疾忌医。

但是，总会有些事情是我们不能完全控制的，因此，风险总是存在的。我们在进行资产配置之初就要采取各种措施减少风险事件发生的可能性，或者把可能的损失控制在一定的范围内，以避免在风险事件发生时为自己带来难以承担的损失。常用的风险控制方法有四种：即风险回避、损失控制、风险转移和风险保留。

1. 风险回避

风险回避是指直接放弃风险行为，完全避免特定的损失风险。比如炒股容易亏钱，就完全不去了解、不去学习、不去投资；看到亲戚买商铺投资失败，面临无法转手的问题，就完全不做房产投资、商铺投资。这样简单的风险回避其实是一种最消极的风险处理方法，因为你在放弃风险行为的同时，往往也放弃了潜在的目标收益。一般只有在遇到以下情况时大家才会采用这种方法，具体如图1-3 所示。

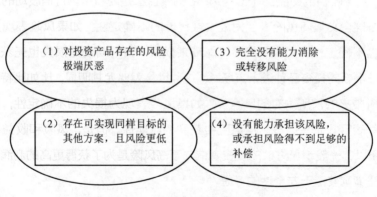

图 1-3　放弃投资的四种情况

如果市场上的投资产品具备以上特征,那么大家就可以选择放弃了解、放弃投资。

2. 损失控制

并不是说一件事情或一个投资产品具有风险我们就完全放弃它,而要积极地制订计划和采取措施降低损失的可能性或减少实际损失。损失控制包括事前、事中和事后三个阶段,如图 1-4 所示。

图 1-4　损失控制流程

事前控制的主要目的是降低损失的可能性;事中和事后控制的主要目的是减少实际损失。

3. 风险转移

风险转移是指通过契约,将让渡人的风险转移给受让人承担的行为。通过风险转移,有时可极大地降低经济主体的风险程度。而风险转移的主要方式包括合同转移和保险转移。前者通过签订合同来转移风险;后者通过第三方保险机构来转移风险,这也是目前使用最为广泛的风险转移方式。

4. 风险保留

所谓风险保留,通俗来讲就是风险承担,如果发生损失,那么经济主体将以当时可利用的任何资金进行支付。大家一定要注意匹配家庭的最大风险承受能力,一旦超出就会造成严重的后果。比如家庭总资产为 300 万元,投资失败导致亏损 100 万元,这对于家庭而言不至于产生较大影响;但是,如果将 300 万元资产全部放进期货或股票融资融券账户里,再加 2 ~ 3 倍的杠杆入市,那么一旦遇到市场暴跌就会爆仓,在没有其他风险管控措施的情况下,所有风险只能由自己承担,而且实际损失很有可能远远超过预计损失,从而导致家庭资金周转困难,背负巨额债务,甚至难以翻身。所以,如果大家采用风险保留的方式,则一定要合理预测损失和自身的风险承受能力,一定不能使用高杠杆,否则很有可能再无重来之日。

1.7.2　风险管理

一位成熟的投资者在投资之前首先想到的不是投资的收益，而是投资的风险。在投资前大家不要只想着赚十倍收益时如何开心，还要考虑到如果本金全部亏损那自己该怎么办。

所谓风险管理，实际上是为了获得预期收益但又要合理把控风险，进而执行相应的计划和措施而采取的行动。

以大众投资最多的股票、债券、现金为例，我们要先对比各类投资产品的风险情况，风险从高到低依次为股票>债券>现金，再对比各类投资产品的收益情况，最后合理规划每个账户的资金占比情况。

要做好风险管理，首先要识别和预防风险；其次要制定切实可行的应急方案，最大限度地降低资产配置过程中可能遇到的风险；最后要学会规避风险，在既定目标不变的情况下，改变方案的实施路径，从根本上消除特定的风险因素，如设立应急储备金、学习风险管理等。

【风险与收益】

在做任何投资决策之前，我们都要把风险管理放在首要位置，在明确风险管理的前提下再去考虑如何获取高收益。

随着资本市场规模的不断扩大，2021年，北京证券交易所（以下简称"北交所"）成立。作为多层次资本市场承上启下的枢纽、服务创新型中小企业的主阵地，北交所自2021年11月开市以来，在多个方面都取得了持续稳步的发展，不少投资者参与其中。所以，未来买基金、买股票和大众理财或将成为主流。

随着资本市场法律制度的完善，国民财富必将转向资本市场，所以，必将有越来越多的人参与资本市场。但是，大多数投资者并没有做好充分的准备就盲目投资，他们既没有充分了解资本市场的运行规律，也没有花太多的时间和精力去学习一些投资技巧。并且很多人都没有搞清楚投资风险与投资收益之间的关系，以至于错失了很多不错的投资机会。

我们一定要注意投资风险与投资收益是一体两面，是两个不可分割的整体。换言之，离开风险的收益和离开收益的风险都是不存在的。一些投资者希望自己在不承担任何投资风险的前提下获取投资收益，或盲目投资一些高收益的产品而忽视了其背后的高风险，这些做法都是不可取的。

第 2 章

资产配置流程

———————————————○

    家庭资产配置是对家庭所有资产的动态管理过程。其流程包含五个方面：即家庭财务体检，资产配置目标早规划，了解风险、提前布局，确定资产配置投资组合及资产配置方案再平衡。

    每一个环节都环环相扣，本章主要是从以上五个方面来帮大家梳理出一个基本的框架。

2.1 家庭财务体检

每年年初或年底，可以对家庭的年度财务状况做一次全面体检，判断属于健康状态还是亚健康状态，然后根据家庭的实际财务情况做出合理调整和资产配置再平衡。

既然要进行体检，就需要一些指标作为参考，像企业有会计准则下的财务报表与核算及财务比率的分析，家庭或个人财务也有诊断标准，不过这个标准相对比较简单，毕竟一个家庭的财务问题并不像会计准则要求的那么严格，内容也不尽相同。我们大致可以采用八个指标来诊断家庭的财务状况，具体的诊断标准见表 2-1。表 2-1 中的标准数值是指在这些数值范围内对应的指标都是健康的。把自己家庭的财务情况进行盘存，对资产、负债及各种比率按照表 2-1 进行梳理，家庭财务状况就能一目了然。

表 2-1 家庭财务诊断标准

指　标	公　式	标　准
资产负债率	负债 ÷ 资产 ×100%	< 50%
流动比率	流动性资产 ÷ 每月总支出 ×100%	3%～8%
净资产流动比率	流动性资产 ÷ 净资产 ×100%	15%
储蓄率	1− 消费比率	> 40%
消费比率	消费支出总额 ÷ 收入总额 ×100%	< 60%
投资配比率	金融性资产 ÷ 不动产资产 ×100%	60%～100%
债务偿还比率	每月偿还债务总额 ÷ 每月收入总额 ×100%	< 35%
净资产投资比率	投资资产总额 ÷ 净资产 ×100%	> 50%

家庭财务状况主要看三个方面的数据：负债、资产与投资。

比如，张先生 35 岁，张太太 33 岁，二人有一个 5 岁的女儿。夫妻二人工作稳定，税后收入合计为 21 000 元，每月收支情况见表 2-2。张先生一家生活在二线城市里，生活质量还可以，但每月结余金额较少，毕竟以后还要考虑二胎、三胎及子女的教育和养老等问题，所以，他们希望能够得到专业的建议，能对家庭财务进行早期规划。

表 2-2　家庭收支

每月收入（元）		
主动收入（工资）	科　目	金　额
	张先生	14 000
	张太太	7 000
被动收入（投资分红、租金、稿费等等）	—	0
收入汇总：21 000		
每月支出		
家庭食材		3 500
交通（公共）		350
通信、网络（Wi-Fi）		400
购物（衣物、生活用品）		3 000
教育		2 000
旅游、娱乐		3 701.7
房贷		3 900
车贷、油费、停车费、保养费		3 000
信用卡		4 000
花呗、借呗、白条等		0
人情往来		600
孝敬父母		500
租金		0
医疗		200
支出汇总：25 151.7		
每月负债：4 151.7		
备注：数据收集时间为 2022 年 3 月 15 日		

从表 2-2 中我们可以看出，张先生家的资产负债率为 19.77 %（4 151.7÷21 000×100%），与 50% 的界限相比，是一个相对比较安全的数据范围。在通货膨胀的环境下，一个家庭有适度负债是比较有利的，毕竟赚钱的速度赶不上各家银行"放水"的速度。首先，张先生家的储蓄率不足，日常开销有点儿大，这也是夫妻二人觉得存不下钱的原因。其次，还有一个原因并未在表中体现，张先生家在金融资产方面的投入太少，因为在 2021 年底，他们持有的股票和基金持仓多是汽车整车、新能源及中药板块，亏损严重。

表 2-3 为张先生家在 2021 年底的家庭资产负债表，其家庭资产情况是当下中国居民家庭资产组成的典型——房产占比较大，现金和金融资产占比较小。但我们知道，自住房目前它只能提供一个栖身之处而不能产生现金流，无法带来固定的月收入。所以，对于张先生家而言，理财的重点是加大金融资产的投入，提高投资配比率，这样才有可能获得理财性收入，也就是获得所谓的被动收入。

表 2-3　张先生家庭资产负债表　　　　　　（单位：万元）

资　　产	期　末　数	负　　债	期　末　数
现金及存款	3	房贷	40
定期存款	5	车贷	0
银行理财	5	信用卡金额	0
自住房	150	借款	0
投资房	0		
车	25		
股票	5		
基金	5		
首饰	3		
社保	0.5		
保单现金价值	0.8		
资产合计	202.3	负债合计	40

张先生家的消费比率＝消费支出总额÷收入总额×100%，即 25 151.7÷21 000×100% =119.77%，大于 60%，这就是张先生家每月结余较少

的直接原因，该指标是非常不健康的。从张先生家的每月家庭收支表中可以看出，他们一家比较注重生活质量，所以，家庭食材和购物（衣物、生活用品），属于比较大的支出项目，张先生和张太太可以从这两个方面检查自己的消费习惯。所谓开源节流，就要从日常消费里检查自己是否有无节制消费，或者提升消费的性价比选择能力。节流每一元钱，相当于给自己多储蓄了一元钱。

张先生家的资产负债率 = 负债 ÷ 资产 ×100%，即 40÷202.3×100% =19.77%，小于 50%。该指标比较健康，反映了其债务偿还比率较好。所以，张先生一家的债务压力只是轻微的。

经过上面的指标比率对比可以发现，张先生家的财务状况处于重度亚健康状态——有好有坏。好的方面是债务压力不大，坏的方面是金融性可投资资产太少。如果继续这样下去，那么家庭财富很难增长，重度亚健康的财务状况有可能转入比较严重的"缺氧"境况。从张先生家的家庭资产负债表中可以看到，可用于投资的流动性资产包括现金及活期存款、银行理财，其中定期存款只有 5 万元，存定期的这部分资金，一是金额不大，二是产品种类利率不高，所以，这部分资金要产生较高的收益实属难上加难。建议张先生家在 2022 年把这 5 万元中的3 万元留下应急，其余的全部配置基金或股票。

那么，买什么基金或股票呢？之前的股票与基金如何处置？这就需要先测试张先生和张太太的风险承受能力和风险偏好，再请专业的理财人士进行基金或股票的筛选和配置，降低过高的流动比率，提高投资配比率。另外，还要调整家庭消费习惯，在 2022 年里多储蓄一些资金，并进行金融资产的投资，这样才能扭转目前的重度亚健康状态。

每个家庭都有一本财务账本，大家不妨通过这个指标来进行大体检，为以后的"理财大计"做好准备。

2.1.1　家庭财务状况

对于一般家庭来说，如何长远地、全面地评估家庭财务状况我们可以从以下几个方面来分析：

第一，家庭收支分析

• 收入增长率：一般来讲，收入增长与家庭成员的生命周期发展阶段密切相关。如果家庭成员处于职场发展的上升阶段，那么其收入会快速增长。收入的快速增长意味着财富积累的速度越来越快。不管收入是增长还是下降，都要尽早开始考虑如何"开源"，不要等到危机来临时才行动，我们要时刻思考如何跑赢通货膨胀等。

●工资收入占比：工资收入又叫主动收入，其占比直接影响一个家庭的生活质量和财务水平。如果一个家庭的收入全部来自主动收入，那么，一旦家庭成员失业或遇到突发状况，家庭财务状况就会急剧恶化。所以，我们可以通过投资金融资产等方式获得被动收入，降低主动收入在家庭收入中的占比。

●收支结余比率/支出比率：如果家庭收入减去开支之后的结余占家庭收入的比例较高，那么，一方面说明家庭的开支控制得比较好，另一方面也为财富积累提供了较好的条件。如果有三分之一以上的收入能有结余则属于比较健康的状态。

第二，家庭偿债分析

●资产负债率：合理的负债能充分发挥财务杠杆的作用，比如买房贷款如果能赶上房地产蓬勃发展的红利，则能快速扩大家庭的资产规模。但是，如果债务占比过高，日常收入结余又不能覆盖债务利息，则会让家庭快速陷入财务危机。一般来说，家庭资产负债率在40%～50%是比较合理的。如果收入增长率很高，收支结余比率也很高，则资产负债率适当提高一些是没有多大问题的。但我们一定要时刻关注一些不可控的风险。

●偿债能力：偿债能力一般也可以用贷款压力比率（每年还款支出÷年总收入×100%）来表述。如果贷款压力比率过高，则说明家庭的债务压力比较大，偿债能力也就相对低一些。如果收入出现了不稳定现象，家庭财务就可能产生比较大的风险。对于普通家庭来讲，贷款压力比率在30%～40%会相对合理，当然这个数据越小越好。

第三，财务自由度

●被动收入开支占比：被动收入可简单看作职业工薪收入以外的其他收入，比如房租收入、投资收入等。被动收入÷总开支的比率越高，视为财务自由度越高。比如甲和乙都月入30 000元，其中，甲是一家公司的销售员，每月工资加提成共计30 000元，即主动收入为30 000元；乙是一家公司的普通行政员工，每月工资为5 000元，由于父母早年买了四五套房子，每月房租收入共有25 000元，他的月收入也是30 000元。虽然甲、乙两人都月入30 000元，但是乙的财务自由度明显高于甲的财务自由度，因为乙的被动收入占月总收入的 83%；而甲的收入全部来自工资加提成，一旦停止工作，收入也就没有了。所以，如果被动收入不足以维持家庭的日常基本开支，那就需要从各个方面去增加收入、减少开支。通常，如果被动收入÷总开支的比率大于 100%，则可以认为实现了一定程度的财务自由。

• 失业保障系数：如果你实现了一定程度的财务自由，那么你一旦失业也不至于让家庭立即陷入绝境之中，你会有足够的缓冲时间来寻求新的发展机会，甚至根本不用担心失业后会带来家庭财务问题。失业保障系数可以用家庭净资产除以家庭年收入来计算，当这个系数达到 10 以上时，可以认为是一个比较合理的水平。当然，它也与家庭净资产的结构有很大关系，如果家庭净资产主要来自用于自住的房子，就缺少了可直接用于日常开支的收益（尽管房子本身会增值）。

对家庭财务状况的评估还有很多方面，也还有很多参考指标，比如投资比率、紧急备用金、财富增值比率等。由于各个家庭的财务情况千差万别，因此，只有具体情况具体分析才能更有意义。

2.1.2　家庭资产配置需求

在经过详细的家庭财务状况分析后，基本上能够找到家庭资产配置的方向和需求。家庭资产配置的需求会根据家庭成员及家庭的财务情况不同而有所区别。一般而言，钱越多，需求越多；家庭成员越多，需求越广泛。有一张很有名的简单资产配置图，如图 2-1 所示。

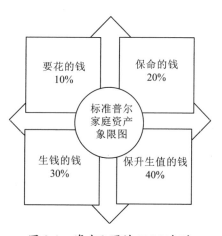

图 2-1　资产配置的 1234 法则

这是国际上比较有名的标准普尔家庭资产配置图，别称"1234法则"，它把资产配置分成四大块：保命的钱、要花的钱、生钱的钱、保本升值的钱，分别占了20%、10%、30%和40%。

它把资产配置分成四大块是合适的，但是它把配置的比例统一就不大合适了。因为不同的家庭有不同的风险偏好和诉求，所以，每个家庭的资产配置都应该根据自身的财务状况进行调整。比如保障费用的配置，标准普尔建议要占到家庭收入的20%。如果一个家庭一年收入60万元，需要买12万元的保险，那么这个比例明显太高了，因此，我们需要根据家庭的具体情况和保障需要确定合适的配置比例。

据麦肯锡咨询公司测算，中产阶层城镇人口数量在过去几年里迅速崛起，大众富裕和宽裕阶层的城镇人口数量从2010年的4 400万人增加至2018年的37 400万人。总城镇人口的比例由2010年的8%提升至2018年的49%。国内一、二线城市和三、四线城市的普通中产家庭人数占比年年攀升。

普通中产家庭力量的崛起将带来更多的财富，也将会催生出更多的资产配置需求。高净值家庭多数会委托专业机构进行财富打理，普通中产家庭也需要有资产配置的理念。

2.2 资产配置目标早规划

资产配置目标和人生目标很相似，越早意识、越早规划，效果越好。

越早开始经历财务大事件，我们得到的经验和教训越多，越有利于自己日后的财富积累。当然，"大事件"必须在可控范围内，不能倾家荡产，背负千万债务，特别是在年轻时，否则翻身难度重重。

以当下整个社会和经济环境的客观现实为例，我们在设置资产配置目标时需要重点考虑三种外部情况带来的影响：第一，发生黑天鹅事件；第二，存在不可预知的政策性风险；第三，存在道德风险。这三点都是不可控的因素，所以，在进行资产配置目标设置的时候，我们一定要有一部分防守型资产打底，以应对不确定的极端事件带来的损失。

在了解外部环境的前提下，大家再结合家庭财务情况，根据风险测评等约束条件，尽早安排好家庭资产配置目标。

2.2.1　家庭资产配置的六大目标

家庭资产配置的总体目标是降低风险，提高收益，延续家族财富，将其展开之后就可以分成六个小点，即财产的保值增值、家庭成员或财产的保险保障、后代的教育培养、养老规划、税务筹划及财富传承。

1. 财产的保值增值

财产的保值增值是家庭资产配置考虑最多的目标。古语有云："家财万贯，不如日进斗金。"，意思是让财富源源不断地流入，远远胜过家财万贯但又坐吃山空。而财产的保值增值需要投资相应的产品才能得以实现。以下是几种常见的投资产品，适合大多数家庭。

• 银行理财：前面提到，虽然银行理财已经打破了过去的刚性兑付，就是不再保本保息，但是相较于其他投资渠道和投资产品，银行理财还是比较安全的，基本能达成保值增值的期望，比较适合风险承受能力低、投资能力一般又不愿意操心的人群。股份制银行（比如招商银行、兴业银行）理财产品的年华收益率一般为3% ~ 4%，国有大型银行理财产品的年华收益率相对低一些。银行理财产品的确定性基本较高；缺点是收益一般，流动性也一般。

• 基金投资：基金投资分很多种（在后面的章节中会详细介绍），包括货币基金、股票基金、债券基金和混合基金。其中，货币基金风险低，相比银行理财收益还要低一些，但流动性相对高一些；而股票基金比银行理财风险高、波动大，适合能承担一定风险的人群。但是，多数投资新手往往追求短期收益，在股票基金面临回撤时，多数人因承受不住波动调整，会选择离场。股票基金的优势在于没有股票市场那么大的风险，可以选择专业的基金公司和基金经理帮你打理基金，相当于购买了一揽子股票，直接降低了投资风险，因而适合投资新手和上班族定投，不仅不用自己操心，还能慢慢享受企业发展带来的红利。

• 保险年金产品：保险年金产品属于养老保障缺口的一个补充。保险的优势在于其具有强制储蓄功能，相当于定期存一笔钱，但是流动性不佳（尤其要注意在银行买理财或存款最终买成了保险的情况）。大家想要获得代理人推荐产品时所说的收益，需要等到很多年以后，而且很多保险附带了万能账户，也就是按照分红的金额进行计息，所以，本金本身不多，所获得的利息也不多。这种产品适合上班族给孩子存教育金，也适合未来养老有缺口的人选择。这种产品本身没有太多抵御通货膨胀的功能，只能利用长时间的复利优势，在未来很多年后才能获得一定收益。

●股票：股票投资的门槛看似不高，只要找一家券商开户，然后下载 App，转钱到账户中就能操作，但实际并非如此，投资者除了要看懂、看透企业的基本面，还要学会看各种指标、各种 K 线形态，尽管随着长期经济的发展及有国家政策层面的支持，但对于非专业人士，笔者不建议大家自己去炒股，因为这需要大家对股市有深入的研究，否则很容易被套。

2. 家庭成员或财产的保险保障

在理财金字塔中，保险保障处于底层，也就是最基础的层面，顶层则是风险投资行为，包括股票、实业项目等。保险的保障性既能够稳固金字塔的底层，也能够进行金字塔顶层的项目投资。但是，商业保险在金字塔顶端的作用并不是投资，而是作为一类具有保障性收益的渠道存在。在现实生活中，人们可能不购买保险，甚至不会选择储蓄型保险，而会优先选择高风险的投资项目。

所以，在投资理财中，保险虽然不是最好的增值品种，但是它具有特殊的保障功能，尤其是在社会保障不能完全满足个人养老、医疗需求的情况下，消费者仍然需要考虑购买一些寿险，为自己和家庭将来可能发生的风险提供一些基本保障。

一个家庭需要配置的基本保障保险有两大类：一是属于保障类的寿险、意外险、健康险；二是属于理财类的年金、教育金、投连险和万能险。

3. 后代的教育培养

大家为什么需要做教育金规划？教育金规划为什么如此重要？

●教育费用的时间弹性较弱，教育金的支出开始时间和持续时间是固定的。由于需要这笔费用的时间是可以确定的，因此，可以通过科学的规划来解决这笔费用。

●教育费用支出时间长，一般从小学开始直到大学，有些人的教育费用支出甚至会延续到硕士和博士阶段，持续时间最长可达近 20 年。而且教育金的金额大，且教育费用逐年上涨，如果想要留学，那么费用还要翻倍。目前市场上教育费用的保守增长率在 3% 左右，因此，大家在做教育金规划时还要考虑到收益率。

相比于完善的养老金体系，目前还没有专门针对子女的教育储蓄账户。这就更需要家长自觉准备。教育金规划的步骤如图 2-2 所示。

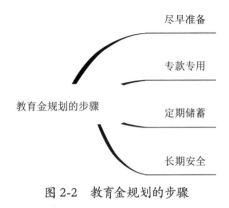

尽早准备

专款专用

教育金规划的步骤

定期储蓄

长期安全

图 2-2　教育金规划的步骤

通过保险规划收单来辅助实现教育金规划的方法如下。

首先，大家要把子女的教育金纳入家庭主力风险保额中——在规划家庭保险时重点考虑子女的教育费用，将子女的教育金放入投资理财账户中作为必然选择（前提是父母双方都没有风险且每月收入稳定）。如果一方不幸患重病或身故，那么子女的教育金必然大打折扣，整个家庭也会陷入被动。因此，想让子女的教育不受影响，必须将子女的教育金纳入父母的寿险规划中。这样一来，一旦一方身故或出现意外，仍然会有足够保额的赔偿保证子女的教育计划不被中断。

其次，大家在选择产品时要满足自己对子女未来教育规划的需求，最好找专业人士沟通，并且结合自己的实际经验，计算出一个接近的数额，再倒推每月或每年要强制储蓄多少钱才能满足整个教育阶段的资金需求。

下面几个问题是大家在规划教育金时需要重点考虑的。

• 目前家庭每月可以拿出多少钱作为教育金？

• 希望孩子是在国内读大学还是在国外读大学？

• 是否需要买房？

• 兴趣培养的费用是否包含在内？

教育金的储蓄和家庭的财务情况密切相关，很多孩子就是在留学中途因遭遇家庭破产而中断学业的。因此，在家庭财务没有出现风险时，大家要严格执行教育金的储蓄计划。对于教育金规划选择保险的家庭，我建议大家选择保险经纪公司去咨询，而不要直接去保险公司或银行，因为保险经纪公司一般会根据客户的需求来匹配适合客户的险种，而不会像保险公司那样，哪个产品对公司而言收益高、利润高就推荐哪个产品，实际上并不一定能满足客户的需求。

在通常情况下，有以下几个常见的品种供大家选择做教育金规划。

• 教育金专门账户，不仅专款专用，而且定期储蓄。

• 保险公司教育年金。

• 实物贵金属。比如有些家长会在孩子出生时购买一只 500 克的金项圈，等孩子长大后，如果急用钱，就可以卖一个相当不错的价钱。

• 基金定投。固定时间，固定金额，风险相对较低，可以充分利用复利效应。如果行情好，那么收益翻几倍也是有很大概率的。

4. 养老规划

提到养老规划对应的资产配置产品选择，首先想到的是养老金，但实际上只有养老金是远远不够的。养老规划是指通过年轻时的积蓄储蓄，让自己将来拥有高品质的退休生活，所谓"兵马未动，粮草先行"。一份科学、合理养老规划的制定和执行将会为大家幸福的晚年生活保驾护航。养老规划通常包括养老金规划、老年医疗保健规划、老年居住规划和养老服务规划。

2019 年的一条新闻令人唏嘘不已，这条新闻讲述的是一对父母可以养育五个子女，而五个子女却在父母的养老问题上相互推诿，老太太生病之后更是无人照管，晚景凄凉。

近期发布的《老龄蓝皮书》称：过去传统的"养儿防老"观念正在发生转变。接下来的中国人口老龄化程度将会持续加深，而老年人的收入水平总体不高，而且全民对老年期生活准备不足。

国家统计局公布 2017 年的数据显示，中国 60 岁以上的老人占到总人口的 17.3%，达到 2.4 亿人。据预测，到 2050 年，全世界老年人口将达到 20.2 亿人，其中，中国老年人口将达到 4.8 亿人，几乎占全世界老年人口的四分之一。

然而，老年人经常会遇到生活品质下降、疾病缠身、没有儿女赡养等问题。养老的意义不是一天三餐吃饱那么简单。我们都知道，老年人一般会患有各种疾病，如果再负担医疗费用，那么单靠现有的养老金可能会不够用。如果要保持体面的老年生活，自己就要积攒足够的财富。

那么，我们该如何做好养老规划？当前我国的养老保险制度是一个"三支柱"的体系，其中，"第一支柱"是基本养老保险制度，"第二支柱"是企业年金和职业年金，"第三支柱"是个人储蓄性养老保险和商业养老保险。单靠社会养老保险制度只能保证基本养老，要想保持体面的老年生活，商业保险是必不可少的补充。

所以，大家在年轻的时候就要做好养老准备。例如，每个月需要定存一定金额；节省一些不必要的开支和应酬，日积月累，也会变成一笔财富。

5. 税务筹划

税务筹划要从四个方面来开展：一是了解税种及各税种如何筹划；二是了解投资理财行为涉税筹划；三是了解跨境投资税务筹划；四是了解遗产税务筹划。

目前我国的税种体系如图 2-3 所示。

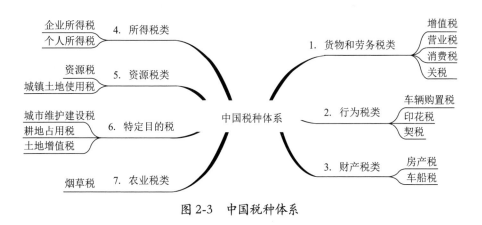

图 2-3　中国税种体系

大家需要先了解我国的税种体系和各税种的内容及计算方法，再进行合理筹划，以达到家庭资产配置最优的效果。

下面列举一个税务筹划案例进行说明。

假设在 2015 年张先生的工资是每月 8 000 元，在这种情况下，张先生需要缴纳一定的税费，基本税费是（8 000-3 500）×15% -105=570（元），这将减少张先生的实际收入。

为了增加自己的实际收入，张先生开始通过购买健康保险进行税务筹划。在这种情况下，张先生需要缴纳的税费为（8 000-3 500-200）×15% -105=540（元），比以前少了570-540=30（元）。

6. 财富传承

"富不过三代"是流传已久的一句俗语，大多数家庭会把时间和精力放在创富上，殊不知守富和传承在某种程度上比创富更重要。传承不是简单的"继承"，因为一旦家庭出现婚变、家族财富争端，往往家庭财富就会缩水，这个家庭甚至会走向衰败。

财富传承包括三大板块，分别是财产的划分、家族的接班及财产的管理。常见的财富传承工具有遗嘱、赠予协议、夫妻财产协议、代持协议、大额保单、家族基金会、家族信托、家族办公室等。家族财富传承是一项复杂的系统工程，不仅涉及家业和企业的综合安排，还涉及法律、金融等工具的使用。要正确梳理家庭关系和资产情况，将家族资产顺利并合理地传承给下一代。

建议大家寻找私人银行或家族办公室等专业机构来进行规划，因为财富传承涉及的内容非常多且非常专业。

2.2.2 家庭资产配置的五大误区

误区一：钱少不需要做资产配置

很多人认为，理财是有钱人才需要做的事情，普通上班族只要正常过日子，年底有些结余，偶尔能去旅游就心满意足了。其实这是一种非常狭隘的理财观念。

实际上，积蓄越少，越需要树立理财意识，越需要及早开始管理和配置自己的资金。如果大家能够从月光族、毫无规划转变为合理消费、量入为出，就迈出了投资理财的第一步。

误区二：会花钱的人会赚钱

这种观念往往是商家制造的消费陷阱，诱导你负债购买奢侈品，比如各种消费分期。结果，会花钱往往变成乱花钱，过度消费买了一大堆自己并不那么需要的东西，而钱也没有省下来。

事实上，拿三五千元积蓄做理财获得的收益可能还不如少买两件衣服节省的费用多，但积累到一两万元则可以慢慢做一些理财选择，比如你在 2020—2021 年购买了不错的基金，收益翻倍也是有可能的。如果你的存款达到五万元，那么银行理财大门便开始向你敞开；达到三五十万元，就会有更高收益的理财方式供你选择。

所以，本金的积累在财富开启的第一阶段非常重要。

误区三：有零风险的理财产品

很多投资者在选择投资产品或在咨询投资建议时会问：这个产品有风险吗？有没有收益高但风险低的理财产品？我可以肯定地告诉大家，投资都是有风险的，而且风险与收益成正比，高收益一定意味着高风险。

如果销售人员宣称某款理财产品"零风险"，那么是陷阱的概率比较大。

误区四：保险都是骗人的

不少人谈保险色变或排斥保险，甚至认为保险就是骗人的。当然，一方面是因为保险行业的口碑被很多保险人破坏了，确实出现了很多损害保险人权益的事件；另一方面是因为很多保险品种在设置免责条款时确实存在问题，等到真正出险时却报销不了。而且此类案件不在少数，一传十、十传百，保险最终给大家留下了不太好的印象。

保险本身不会存在欺骗行为，很多人觉得自己被骗主要是因为保险从业人员避重就轻。目前保险从业人员鱼龙混杂，入职几乎没有门槛，不限学历，不限专业，只要你能想办法把保险卖出去就行，过多强调保险的收益，对保险的基础属性和保障功能避重就轻。

现在，大家的保险意识普遍有所改观。在发达国家，每个家庭成员基本都有保单，保险通过赔偿被保人的经济损失，可以降低家庭的风险，增强家庭抵御突发事件的能力，有利于在损失发生后转移风险，不至于将家庭拖入泥潭。

误区五：不负债、不贷款才是最好的

很多人尤其不喜欢负债，总觉得负债了就会有心理负担。如果听说谁家把房子抵押出去了，就会在潜意识里认为这户人家濒临破产边缘。其实这种观念是有失偏颇的。

在现代金融体系下，有很大可能的情况是越有钱的人负债越高，因为负债意味着可控制和调动的金融资源增加，也就可以去做更多的投资，产生规模更庞大的收益。

当然，这里的负债并不是指随意负债，与大手大脚花钱不同，而是指合理地运用负债，发挥它的杠杆效应。同时，债务也分好坏，只有那些在可控范围内的、可以创造价值的负债才是好的负债。

2.3 了解风险、提前布局

不管什么金融产品都有风险，只是风险大小不同，不同投资者的承受能力不同。所以，大家在选择金融产品之前要先充分了解其风险属性，然后提前布局资产配置方案，以便更好地穿越周期，这是长期资产配置的第一步。

处于经济周期的不同阶段，市场上的各类资产往往涨跌不一。所以，大家需要遵循分散投资的简单逻辑，也就是人们常说的"不要把所有鸡蛋放在同一个篮子里"，不断地平衡收益和风险——在市场繁荣时能够分享市场上涨的收益，在市场萧条时能够将损失控制在可承受的范围内，从而实现家庭财富的保值增值及长期增长。

做好资产配置的提前布局并不难，大家只需记住以下三步。

第一步，明确哪些资产可以做配置

可供个人做配置的资产主要有以下三类：

• 股票类，用来追求最大化的回报。

• 债券类，用来追求合理的收入。

• 货币类，用来追求本金的稳定和良好的流动性。

以上三类资产的风险收益特征各不相同，在个人简单的资产组合中发挥的作用也不尽相同。另外，个人资产配置目标相对单一，主要是为了实现投资理财的收益目标，实现家庭财富保值增长，或者为孩子积累教育基金，为退休积累资产。

股票资产的长期收益率最高，是我们实现投资目标的主要工具。但是股票资产的波动率最大，专业性也比较强，因此，持有一定比例的债券资产，则能把遭受损失的风险控制在可以承受的范围内。

现金资产（货币市场基金）没有太大的升值空间，仅作应急之用，不应被视为长期资本积累的投资。而且对投资者而言，收益率更高的短期债券型基金是货币市场基金的一个更好的替代。因此，下文在讨论资产配置时会忽略现金，仅讨论股票和债券两类资产。

股债资产配置是应用最为广泛的配置方法，其核心原理是利用股票和债券之间的负相关性。股市一般被认为是经济的晴雨表，当经济高速增长时，上市公司的盈利也会高速增长，此时股市也会上涨；而当经济衰退时，股市往往会下跌。相反，债券作为避险资产，当经济衰退时会有大量资金买入债券避险，市场供不应求，导致债券价格上涨。因此，当经济衰退时往往是债券牛市，而当经济繁荣时往往是股票牛市。这样一来，股票市场与债券市场的回报就呈现负相关性。

当然，这种负相关性是时间拉长后的现象，并不是某一天股票价格上涨，当天债券价格一定会下跌，或者某一天股票价格下跌，当天债券价格一定会上涨。股债之间的这种负相关性被广泛应用于各类混合基金，按照不同的股债比例，形成了偏债型、平衡型、偏股型三类基金。

第二步，打造自己的资产配置

对个人投资者而言，最常用且最被广泛推荐的配置策略是家庭生命周期策略。它是基于投资者的生命周期进行资产配置的，并随着投资者年龄的变化不断地动态调整，具体内容见表 2-4。基本方法是将投资者的年龄作为债券资产的配置比例，剩下的部分用来配置股票资产。

表 2-4　家庭生命周期的资产配置策略

周　　期	家庭形成期	家庭成长期	家庭成熟期	家庭衰老期
保险安排	随家庭成员数的增加而提高寿险保额	以子女教育年金为主	以养老险或年金为主，储备退休金	考虑遗产节税需求
信托安排	购房置产信托	子女教育金信托	退休赡养信托	遗产信托
核心资产配置	股票 70%、债券 10%、货币 20%	股票 60%、债券 30%、货币 10%	股票 50%、债券 40%、货币 10%	股票 20%、债券 60%、货币 20%
信贷运用	信用卡、消费贷款	房屋贷款、汽车分期	还清贷款	无贷款

这个策略的要点在于不同年龄和资产水平对风险的敏感度不同。一位年轻的投资者在开始积累财富时，自身资产很少，能够承担较大风险，努力获得股票投资的最大回报，并依靠时间熨平短期波动。随着年龄的增长，投资者往往拥有更多的财富需要保护，弥补一次严重损失的时间成本也会更高。此时，投资者应当追求更低风险的回报，增加对债券的需求。所以，大家要根据家庭所处的生命周期阶段来做相应的资产配置，以及产品配比的调整。

第三步，资产配置的动态灵活调整

家庭资产配置是一项长期的系统工程，需要在整个投资周期内动态调整。除了根据年龄，比如每过 5 年或 10 年做一次大的调整，其他时间也可能需要适时"微调"。

比如一位 40 岁的投资者根据家庭生命周期策略确定了初始配置比例——40% 的债券和 60% 的股票。由于股债之间的负相关性，经历一场股市牛市（债券熊市），投资者的资产配置可能会变成 75% 或更多的股票，以及 25% 或更少的债券，如图 2-4 所示。这显然偏离了最初的配置比例。

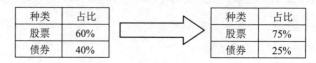

种类	占比
股票	60%
债券	40%

种类	占比
股票	75%
债券	25%

图 2-4　配置比例的动态调整

此时，投资者既可以选择"良性忽视"，对股债资产的配置比例听之任之；也可以选择平衡自己的资产配置组合，即卖掉一些股票，并将这笔钱投资于债券，以保持初始配置比例不变。

2.3.1　回报率和风险目标

这里主要讨论的是投资回报率，计算公式为投资回报率 =（年利润或年均利润 ÷ 投资总额）×100%。

举一个房产投资的例子，假设你以 100 万元购入一套 100 平方米的房子，然后将其以每月 4 000 元的价格出租，物业公司每月收取 160 元的物业管理费，那么这项房产投资的回报率就是 [（4 000–160）×12÷1 000 000]×100% =4.6%。

投资回报率达到多少才算合理？从上面的公式中可以看出，在投资总额不变的情况下，投资回报率与投资获得的利润是成正比的。因此，大家可以简单地理解为投资回报率越高，盈利越多。如果投资回报率为 0，则说明投资做了无用功。不同产品的投资回报率是不相同的，多数在 3%～10%。在通常情况下，投资回报率越高越好，但实际上投资回报率跟风险大小也有一定的关系，高收益对应高风险。为了保证本金在不受亏损的基础上有一定程度的盈利，大家需要将风险目标纳入判断标准中，在对应的风险范围内选择匹配的投资标的，最大限度地在风险得以控制的前提下提高资产配置组合的收益率。

2.3.2　风险缓释措施

风险缓释措施在不同的投资产品上有很多，不过风险控制的主要目标有两个：一是尽量保证本金不亏损；二是让自己的血压和睡眠正常。

对于基础的资产配置而言，风险缓释的常用手段如下。

• 合理分配仓位。把资金分成 N 个仓，权益类是激进仓，债券类是基本仓，货基是固收仓，还有小部分资金投资一些波动率较大的产品，比如期货。要避免每个品种选择时的相关性，比如股票买的是医药股，基金就可以选择科技股，债券就可以考虑基建。

• 每个仓根据自己的配置情况设置仓位线。对于权益类，比如股票投资，在一开始看中这只股票时，一般会买入约 3%，我把它叫作开仓；等到分析了基本面，了解了企业的基本情况，深入研究之后看到了价值，再加仓到 5%，我把它叫作底仓，是长期不动的仓位；后面虽然会陆续增加持有，但是一般不会超过 20%，因为股票的配置上线是 20%，在没有遇到绝对有把握的情况下，不会继续买入，这是我在投资中形成的固有投资原则。

要想做好投资就一定要学会发现陷阱，因为公司造假的事情时有发生。还有很多公司涉及内部犯罪，通过资本市场捞钱，最终让投资者买单。所以，大家在识别真假上需要下苦功夫。

一是从财报里找应收账款、存货、大存大贷、毛利率、现金流与利润匹配等指标的异常情况，尤其是当股价波动较大时或企业有动态时，交易所一般会发问询函。问询函非常专业，大家可以从中学到很专业的"排雷"技巧。

二是从财经网站或 App 上找质疑帖子，如果被质疑的公司没有回复或没有法律手段的反击动作，就要引起大家的重视，该公司有可能真正出现了问题；如果上了头条热搜，那么该公司的股价在短时间内大幅跳水的概率是非常大的。

现在各类 App 的分析能力非常强，图 2-5 为贵州茅台的财务数据分析，大家可以很清楚地看到各个指标的情况。当然，要识别真假还需要大家亲自验证。

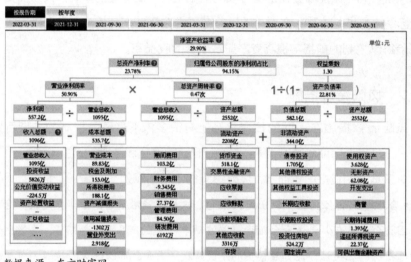

数据来源：东方财富网。

图 2-5　茅台 2021 年财报数据表

2.4　确定资产配置投资组合

在确定资产配置投资组合之前，需要先做好资产配置的策略选择和执行（在后面的章节中会详细介绍）；在投资组合运行之后，要对收益情况进行绩效分析（在后面的章节中也会详细介绍），进而做出相应的调整和修改。本节主要讨论如何确定资产配置投资组合。

坚持收益重于收益率是投资的一贯逻辑。比如，Lucy 和 Lily 分别是两个家庭的女主人，Lucy 家在权益类资产上的投资总额有 1 000 万元，相较之下，Lily 家只有 100 万元，两个家庭的可投资现金也不算一笔小数，而这两个家庭相比，Lucy 家更看重 1 000 万元能带来多少现金流，而 Lily 家更看重收益率的高低。

为什么呢？

因为 Lucy 家的 1 000 万元权益组合配置如果一年的回报率达到 6％，那么一年会给 Lucy 家带来 1 000 万元 ×6％ =60 万元的现金流，而 Lily 家要实现 60 万元的现金流则需要 60％的收益率。所以，Lily 家会很在意年化收益率，这更像我们在投资某个具体产品时的收益测算。

另外，资产配置投资组合的收益率要足够稳健且相对平衡，当资金量大时就要做好组合配置，降低风险，提高收益，在保证年化收益率的同时尽量保证本金的安全。

2.4.1　长　　期

在 2021 年的投资理财中，基金火出圈儿，其背后是各 UP 主、抖音 / 小红书"大 V"及各路非专业自媒体。是个博主都在推荐买基金，很多没有多少基金理财知识的投资新手凭借对网红的信赖，盲目跟风买入所谓的明星产品。

这些投资新手从不去分析那些给他们推荐基金的博主的学历高低，也不去分析是什么领域的博主所推荐的基金，这些博主为了跟风热点，也开始发布"三招告诉你基金该怎么买"的视频，居然能吸引成千上万人关注。这也是 2022 年初基金净值下跌后很多新基民茫然无措的一个原因。他们连基金盈利来源都没搞明白，何谈长期价值投资？

那么，大家要想做好长期投资和资产配置，具体应该怎么做呢？

第一，长期投资一定要拿长期不用的钱跟进，或者每月、每年都有的一笔或多笔固定收入，比如公积金、房屋租金。

第二，组合产品的选择要注意相关性。

第三，切忌频繁交易，满仓、空仓来回切换是大忌。

第四，要避开劣质资产，比如快退市的股票、预计会烂尾的房子等。

第五，要坚定信心。

2.4.2 短　　期

短期资产配置的重点是选好产品，不同产品在收益上可能会有差异。这里介绍三种短期理财方式。

1. 银行现金管理类产品

银行现金类管理产品与货币基金较为类似，还有支付宝的余额宝、腾讯的财付通，这些产品主要投资于各类货币市场工具，比如银行存款、国债等，投资收益较为稳定，风险偏低，更重要的是流动性强，一般都支持 T+0 申购和赎回，属于短期理财方式。这种理财方式只会用到短期不用的钱，适合对收益要求不太高，但对流动性要求高的投资者。

2. 国债逆回购

只要你有证券账户，就可以申购国债逆回购。国债逆回购的投资期限很短，1 天、7 天、14 天或 30 天都可以，且收益稳定，具体内容如图 2-6 所示。国债逆回购的收益率与市场资金面有直接关系，遇到年末"钱荒"时，收益率通常比平常高出很多，操作起来也非常简单。

图 2-6　国债逆回购页面图

3. 基金

我主要推荐债券基金，因为它没有封闭期，申购和赎回都非常灵活，收益也比较稳定，且比较注重当期收益。

2.5　资产配置方案再平衡

市场一直处于波动之中，资产配置组合也会随之变化。比如，你选择了一只大牛股、大牛基金或者遇到牛市，那么股权类资产就会快速升值；而债权类资产的收益相对稳定，不会像股权类资产那样涨得那么快，于是几类资产由于"步调不一致"，在整体配置中的比例也会发生改变。

图 2-7 为 2021 年末九安医疗（股票代码为 002432）走势图。

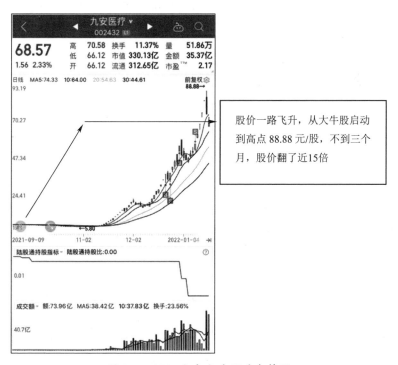

图 2-7　2021 年末九安医疗走势图

图 2-8 为债券基金走势图。

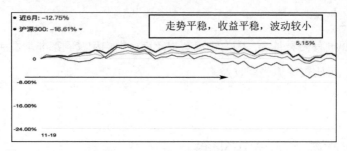

图 2-8　债券基金走势图

以这两张图为例，如果你在股价为 5.8 元 / 股时用 5.8 万元买了 100 手（1 手 =100 股）九安医疗，经过风险测评，找到对应最优的资产配置比例是 50% 的股权 +50% 的债权，那么，你用 5.8 万元买入图 2-8 中的债券基金。

由于你的运气很好，踩到了大牛股，遇到了一波大幅上涨的行情，九安医疗的股价翻了近 15 倍，期初的 5.8 万元就变成了 87 万元。但与此同时，另外 5.8 万元的债券基金并没有明显的上涨。这时，你手中的总资产从 11.6（5.8×2）万元变成了 92.8（87+5.8）万元。

此时股权类资产的占比为 87÷92.8×100% =93.75%。

债权类资产的占比为 5.8÷92.8×100% =6.25%

最初 50% +50% 的资产配置比例随着市场的上涨出现了变化，变成了 93.75% +6.25%。配置的天平倾斜得太多了。

这时，悬殊的资产配置比例提醒你需要做出调整，也就是完成资产配置再平衡。

大家具体应该怎么做呢? 需要先卖出一部分股票，再买入债券基金，将两者重新调整至各自 50% 的比例，就完成了资产配置再平衡。而遇到熊市时，大家的操作方向需要反过来。

2.5.1　家庭财务变动

财务变动一般是指大幅变动。比如，老李是一家企业的创始人，这家企业成立于 1999 年，专注于汽车零部件设计、制造和销售，2018 年成功登陆新三板上市。

目前老李一家的家庭财务情况见表 2-5。

表2-5　老李家庭资产负债表1　　　　　　　　　（单位：元）

家庭资产		家庭负债	
房产	7 000 000	购房贷款余额	2 500 000
汽车	2 000 000	汽车贷款余额	700 000
家电	500 000	现金贷款余额	0
		消费贷款余额	80 000
固定资产小计	9 500 000		
定期存款	1 500 000		
活期存款	500 000		
基金	200 000		
股票	200 000		
流动资产小计	2 400 000		
家庭资产合计	11 900 000	家庭负债合计	3 280 000

2018 年，家庭财务受企业经营的影响，资产规模迅速扩张，具体内容见表2-6。

表2-6　老李家庭资产负债表2　　　　　　　　　（单位：万元）

	项　　目	现值金额		项　　目	现值金额
现金资产	现金	8 000	长期负债	银行贷款	1 500
	活期存款	2 000		保险贷款	0
	定期存款	500		外部债务	0
	银行理财	3 000		其他	
	货币基金	0			
	应收借款	0			
	其他	0		合计	1 500
	合计	13 500		信用卡	50
金融资产	股票	35 000	流动负债	小额贷款	
	基金	800		保险费	
	期货	200		房产税	
	保险			所得税	
	私募			其他	
	合计	36 000		合计	50

	项目	现值金额	项目	现值金额
实物资产	自主房产	1 700	—	
	投资房产	2 000		
	汽车	200		
	珠宝	500		
	收藏	3 400		
	其他			
	合计	7 800		
总资产		57 300	总负债	1 550

表 2-5 与表 2-6 相比，最明显的是金融资产、现金资产大幅增加，同时实物资产的种类也丰富起来。由于家庭财务情况发生了质的飞跃，那么资产配置方案需要对应做出调整。原先只是在现金资产上想办法保值增值，力争尽快还清各类贷款，同时做好保障规划。现在资产发生了变化，需要对金融资产和实物资产进行对应的配置。

2.5.2　家庭成员变动

老李的家庭成员变动情况见表 2-7。

表 2-7　老李家庭成员变动情况

1999 年	2018 年
老李	老李
李太太	李太太
儿子	儿子
女儿	儿媳妇
老李母亲	孙子 1
老李姨妈	孙子 2
—	女儿
—	女婿
—	外孙 1
—	外孙 2
—	老李母亲
—	李太太母亲

1999 年老李刚创业时，一家 4 口人，加上老李母亲和老李姨妈，共 6 口人。2018 年老李家新添了人口，同时也送走了一位长辈，目前共 12 口人。一个家庭的生命周期如图 2-9 所示。

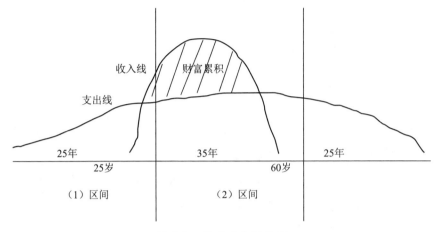

图 2-9 家庭生命周期图

根据上面的家庭生命周期图，老李家在（1）区间时家庭成员有 6 口人，到了（2）区间时人口有增有减，共有 12 口人，新增了媳妇、女婿、两个孙子和两个外孙，接来了李太太母亲，送走了老李姨妈。目前，老李一家的家庭情况如下：

老李和李太太由壮年进入老年，财富由原来的基础资产如房产、存款慢慢转化为多样化投资，包括股权投资、实业投资和慈善安排，并且开始考虑下一代的财富传承，以及下下一代的教育培养等。

儿子女儿、媳妇女婿作为家庭新一代主力，慢慢开始接棒家庭责任，他们需要在公司经营上得到指导和传承，做好二代接班人的准备。由于各类保障齐全，可以为家庭再上一个新台阶做准备。这一时期，一般会请专业人士为其打理资产，同时儿女的教育规划也是需要重点考虑的。

在进行前期规划时，变化较大的部分还有养老，老李、李太太、老李母亲、李太太母亲，共有 4 人需纳入养老规划。

2.5.3 家庭资产配置的目标变动

由于家庭财务情况和家庭成员随时都在变动，所以，资产配置目标也要适时调整。老李家的财富随着企业上市而大幅增加，在有新生命诞生的同时也有长辈离世，因此，家庭资产配置目标也会发生变化。

一般目标的变动主要有以下几类。

• 产品选择从单一化到多样化。老李家前期的主要资产是房产和存款；后期的资产增加了股权、艺术品、私募等。

• 产品从国内配置转向全球配置。老李家前期的主要资产是国内的房产和一些普通的金融资产；后期配置了海外房产，在境外成立了分公司并拥有股权，还投资了海外保险等产品，产品覆盖面更广。

• 教育规划和养老规划更专业。老李家前期的教育规划和养老规划都属于常规规划；后期由于家庭成员的增加、财富的增加和企业的发展，老李家在财富的辈辈相传上考虑得更多，并为二代接管企业做准备，甚至三代的能力培养也成为教育规划的重点之一。老李家后期的养老规划不是仅仅考虑钱够不够花的问题，而是考虑高质量的退休养老和赡养老人的问题。

家庭资产配置目标的变动是为了更好地达成家庭的发展目标，这时家族理事人的想法比较有参考价值，比如家族该往哪个方向走、怎么走、如何走，都需要根据家庭的一些变化适度调整家庭资产配置目标。

第 3 章

常用资产配置工具的选择

　　资产配置中常见的几类投资工具包括基金、股票、固收、另类投资、衍生品和海外资产配置。选择一款好的金融投资工具可以收到事半功倍的投资效果，如果我们选对了，即使没有任何操作也会赚钱；反之，可能连本金都无法收回。

3.1　基金配置

基金配置在家庭资产配置中占了很重要的位置。下面来看一下不同维度的基金分类。

1. 根据基金单位是否可以增加或赎回分类

根据基金单位是否可以增加或赎回，可将基金分为开放式基金和封闭式基金。前者一般不上市交易，基金的份额、规模都不固定，投资者可以通过第三方销售机构、银行、券商等申赎和赎回。后者有固定的存续期且基金规模固定，投资者既可以通过证券交易所上市交易，也可以通过二级市场买卖。

2. 根据组织形态不同分类

根据组织形态不同，可将基金分为公司型基金和契约型基金。前者通过发行基金股份成立投资基金公司的形式设立。后者由基金管理人、基金托管人和投资人三方通过基金契约设立。目前国内的证券投资基金都属于契约型基金。

3. 根据投资对象不同分类

根据投资对象不同，可将基金分为股票基金、债券基金、货币基金和混合基金。其中，股票基金60%以上的基金资产投资于股票；债券基金80%以上的资产投资于债券；货币基金仅投资于股票、债券和货币市场工具；混合基金同时投资于股票、债券和货币市场工具。另外，行业内称那些股票投资和债券投资的比例不符合股票基金和债券基金规定的基金为混合型基金。

4. 根据风险程度不同分类

根据风险程度不同，可将基金分为成长型基金、价值型基金和平衡型基金。其中，成长型基金是指以追求资本增值为目标，且较少考虑当期收入的基金，主要以具有良好增长潜力的股票为投资对象；价值型基金是指以追求稳定的经常性收入为基本目标的基金，主要以大盘蓝筹股、公司债、政府债等稳定收益的证券为投资对象，它既注重资本增值，又注重当期收入。

3.1.1　货币基金

货币基金资产主要投资于短期货币工具（一般期限在一年以内，平均期限为120天），如国债、央行票据、商业票据、银行定期存单、政府短期债券、企业债券（信用等级较高）、同业存款等短期有价证券。

以交银天利宝货币 E 为例，截至 2022 年 3 月 31 日，其净资产为 56.14 亿元，基金投资的产品比例分别为 56.23％的债券、3.90％的资产支持证券和 8.35％的买入返售金融资产，具体内容如图 3-1 所示。

图 3-1　基金持仓占比

大家可以看到，这只货币基金投资的都是一些高安全系数和稳定收益的品种，所以，对于很多希望回避证券市场风险的企业和个人而言，货币基金是一个天然的避风港，在通常情况下能获得高于银行存款利息的收益。虽然货币基金并不保障本金的安全，但是真正发生亏损的情况比较少，因为基金的性质决定了货币基金在现实中极少发生本金亏损的情况。在通常情况下，货币基金可以被看作现金等价物。

那么，大家该如何在选择货币基金呢？

1. 看基金规模

基金规模选大不选小。如果基金规模较小，那么，在货币市场利率下降的环境下，增量资金的持续进入将迅速摊薄货币基金的投资收益；而规模大的基金基本上没有这样的担忧。

2. 看基金经理

在选择基金经理时，首先，我们要看基金经理任职期间其名下管理的所有基金的收益率，如图 3-2 所示。而不要单纯地看自己要买的这只基金的收益率；其次，我们要看管理这只基金的基金经理的更换频率，放弃那些更换基金经理太频繁的产品；最后，我们要看基金经理在行业配置上的思路，比如周期、大金融、成长和消费的配比等。

图 3-2　基金经理任职情况

3. 看成立时间

货币基金成立时间越久越好，如图 3-3 所示。因为老基金一般运作较为成熟。最好选择成立时间在三年以上的货币基金，这样的基金才会有过往数据供我们研究。总的来说，选择一只成立时间长、业绩相对稳定的货币基金是较为明智的。

图 3-3　基金档案表

4. 其他

除此之外，还可以看看基金的排名，尽量选择排名靠前的基金。毕竟基金排名靠前，它的关注度就高，收益也相对较高。

3.1.2　债券基金

债券基金，又被称为债券型基金，是指专门投资于债券的基金，它通过集中众多投资者的资金对债券进行组合投资，以寻求较为稳定的收益。

债券是政府、金融机构、工商企业等直接向社会借债筹措资金时向投资者发行的，承诺按一定利率支付利息并按约定条件偿还本金的债权债务凭证。

根据基金的分类标准，基金资产80％以上投资于债券的标的为债券基金。投资者可能认为债券基金只投资于债券，其实不然，债券基金也可以有一小部分资金投资于股票市场。另外，投资可转债和打新股也是债券基金获得收益的重要渠道。

如何选择债券基金，大家可以使用操作比较简单的业绩观察法——"4433

排名选基法"。其中，第一个"4"是指大家选择一年期业绩排名在同类型产品前1/4 的基金；第二个"4"是指大家选择过去两三年排名在前 1/4 的基金；第三个"3"是指大家选择近 6 个月排名在前 1/3 的基金；最后一个"3"是指大家选择近 3 个月排名在前 1/3 的基金。这是一种兼顾基金长、短期业绩的选基方法。一般在支付宝和天天基金当中都可以很直观地筛选基金。此外，债券基金的名称后面通常会跟着字母 A、C，它们代表不同的收费方式，即 A 代表前端收费，即买基金时收取申购费；C 类没有申赎费，只收取销售服务费。我们应该怎么选呢? 主要看持有时间。如果短期持有，就选 C；如果长期持有，就选 A。

3.1.3　指数基金

指数基金顾名思义是以特定指数（比如沪深 300、上证 50、标普 500、纳斯达克 100 指数、行业指数等）为标的指数，并以该指数的成分股为投资对象，通过购买该指数的全部或部分成分股构建投资组合，以追踪标的指数表现的基金产品。

1. 宽基指数基金

宽基指数基金是指那些成分股数量往往较多、单只股票的权重偏低且投资目标更为广泛的基金，比如沪深 300，具体内容如图 3-4 所示。

图 3-4　沪深 300 走势图

2.行业指数基金

行业指数基金是指主要投资某一特定行业的指数基金，比如券商基金、白酒基金、医药基金、银行基金、芯片基金、石油基金、半导体基金等。它以特定指数为跟踪对象，买入指数中的全部或部分成分股，目的在于取得和指数相同的收益。图3-5为以能源（石油、油气）指数为跟踪对象的指数基金。

基金名称	最新净值	日涨幅	近1周	近1月	近3月	近6月	今年来	近1年	近2年↓	近3
广发道琼斯石油指数美元现汇A 006679	0.2843 05-19	-0.21%	3.87%	0.11%	18.80%	44.76%	41.16%	65.87%	168.71%	101.4
华宝标普油气上游股票美元A 001481	0.1016 05-19	0.10%	5.72%	-4.78%	24.66%	36.74%	39.75%	56.55%	168.07%	38.0
广发道琼斯石油指数美元现汇C 006680	0.2832 05-19	-0.21%	3.85%	0.04%	18.64%	44.34%	40.90%	64.75%	165.17%	99.0
广发道琼斯石油指数人民币A 162719	1.9194 05-19	-0.08%	4.22%	6.06%	26.62%	53.10%	49.47%	74.30%	155.78%	97.5

图 3-5　指数基金的业绩排行情况

估计看到这里，有人会想到定投。那么，定投一定是最优的选择吗？同时，指数基金到底应该怎么买？

首先，波段操作。尤其是对于宽基指数基金的选择，我国的指数基金和国外的指数基金还是有很大差异的。如果只管盲目投入而不管收益多少，只会买而不会卖，那么，大家很有可能买了10年还在原地踏步。

其次，长期持有。建议长期持有行业指数基金，比如医药基金、科技基金、新能源基金等。一定要跟着政策走，以保证有较大的概率盈利。

最后，选择定投。定投并不是稳赢的手段，也要选择估值低时买入。如果定投都买在了高点，那么定投就失去了意义。

3.1.4　股票基金

股票基金，又被称为股票型基金，常常在惊喜和惊吓之间来回切换，尤其是2022年，不少"明星基金"的跌幅超过15%，包括一些明星基金经理管理的基金，比如景顺长城优质成长股票（基金代码为000411），具体内容如图3-6所示。

图 3-6　净值和估算净值数据

不少人看着铺天盖地的基金广告，刚刚学会定投，就遇到了大亏钱时段的到来，于是发出疑问，即买基金真的能赚钱吗? 答案是肯定的，从历史数据来看，长期持有权益类基金还真能赚钱。图 3-7 为这只基金的 5 年累计收益率走势——完美跑赢沪深 300。

虽然股票基金在市场行情好时能跑赢宽基指数基金，但它是所有基金中风险最高的品种，它持有股票的仓位不能低于 80%，即便基金经理不看好后市，也不能将仓位调低。从长期持有股票基金的整体收益率来看，还是相当不错的。

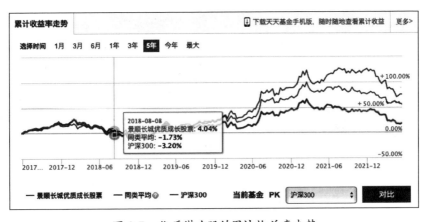

图 3-7　优质潜力股的累计收益率走势

目前，市场上持有期达三年的普通股票基金有 2 142 只，其中年化收益率大于 10% 的有 829 只，如图 3-8 所示。换言之，我们在三年前随便买一只普通股票基金，就有超过 30% 的机会获得 10% 以上的年化收益率。

乙较	序号	基金代码	基金简称	日期	单位净值	累计净值	日增长率	近1周	近1月	近3月	近6月	近1年	近2年	近3年	今年来
□	801	005224	广发中证基建	05-23	0.8616	0.8616	-1.29%	-0.51%	4.69%	-5.14%	5.28%	17.90%	24.26%	13.40%	-2.29%
□	802	004532	民生加银中证	05-23	1.0051	1.0051	-0.10%	2.43%	3.98%	-5.13%	-7.64%	-14.01%	22.22%	13.29%	-3.03%
□	803	160322	华夏港股通精	05-23	1.0796	1.1296	-2.46%	-0.14%	3.01%	-13.67%	-25.43%	-33.07%	-8.67%	13.07%	-19.33%
□	804	040180	华安上证18	05-23	1.5217	1.5217	-0.55%	2.29%	0.28%	-10.32%	-13.15%	-14.61%	9.57%	13.04%	-13.88%
□	805	004347	南方中证50	05-23	0.9311	0.9311	0.61%	4.51%	5.61%	-22.19%	-30.29%	-13.01%	-20.01%	13.01%	-29.20%
□	806	005663	嘉实金融精选	05-23	1.2264	1.2264	-1.49%	-0.06%	-2.04%	-11.43%	-11.36%	-17.50%	9.04%	12.91%	-9.97%
□	807	501050	华夏上证50	05-23	1.3420	1.3420	-1.32%	2.13%	-0.67%	-9.81%	-12.23%	-16.85%	6.59%	12.87%	-12.80%
□	808	000974	安信消费医药	05-23	1.4260	1.4860	0.00%	0.85%	-0.21%	-9.29%	-17.43%	-29.65%	0.71%	12.82%	-19.02%
□	809	161718	招商沪深30	05-23	0.9349	1.2370	-0.28%	3.46%	3.32%	-14.49%	-25.28%	-15.58%	1.29%	12.54%	-23.88%
□	810	502053	长盛中证全指	05-23	0.8599	0.8599	0.34%	2.60%	-3.04%	-14.76%	-20.11%	-11.63%	12.77%	12.46%	-23.31%
□	811	004533	民生加银中证	05-23	0.9927	0.9927	-0.10%	2.42%	3.96%	-5.19%	-7.76%	-14.22%	21.61%	12.44%	-3.12%
□	812	040190	华安上证龙头	05-23	1.3340	1.3340	-0.30%	1.21%	0.76%	-10.29%	-12.24%	-13.26%	5.96%	12.20%	-14.54%
□	813	481012	工银深证红利	05-23	1.2093	1.8441	-1.27%	0.28%	-4.25%	-15.36%	-16.44%	-29.44%	2.63%	11.93%	-19.51%
□	814	160418	华安中证银行	05-23	0.9091	1.0631	-0.49%	0.61%	-5.64%	-8.05%	-4.20%	-9.70%	15.75%	11.77%	-3.10%
□	815	160925	大成中华沪深	05-20	1.0515	1.0515	2.21%	2.32%	1.74%	-10.90%	-14.99%	-21.28%	1.31%	11.74%	-12.80%
□	816	002335	汇丰晋信大盘	05-23	1.3602	1.3602	0.34%	2.32%	1.67%	-7.65%	-4.46%	-8.33%	12.05%	11.73%	-11.00%
□	817	001223	鹏华文化传媒	05-23	1.0820	1.0820	0.00%	2.32%	5.97%	-15.27%	-22.77%	-21.65%	-7.44%	11.66%	-24.28%
□	818	006395	华夏上证50	05-23	1.3200	1.3200	-1.35%	2.09%	-0.75%	-9.96%	-12.47%	-17.24%	5.52%	11.39%	-12.99%
□	819	003366	浙商汇金中证	05-23	0.8910	0.8910	1.14%	3.36%	2.18%	-12.13%	-15.46%	-13.58%	1.83%	11.24%	-14.57%

图 3-8　年化收益率大于 10% 的部分基金

那么，在实际投资中，大家应该怎么选择股票基金呢？笔者建议大家制作一张表格，一步一步去筛选，具体内容见表 3-1。

表 3-1　优质潜力股的筛选维度

行　业	三年平均年化收益率	基金公司	基金经理	最大回撤
医药、科技、消费、军工等	>10%	●前十大基金公司 ●评级星级高，在三星以上	●从业5年以上 ●管理基金年化收益率>10% ●"金牛奖"等奖项得主	控制在-15%以内

3.1.5　混合基金

混合基金，又被称为混合型基金，是指同时投资于股票、债券和货币市场工具且没有明确投资方向的基金。其风险低于股票基金，预期收益则高于债券基金。它为投资者提供了一种在不同资产之间进行分散投资的工具，比较适合较为保守的投资者。

混合基金根据资产投资比例及其投资策略可以细分为偏股型基金（股票配置比例为 50%～70%，债券配置比例为 20%～40%）、偏债型基金（与偏股型基金的股债配置比例正好相反）、平衡型基金（股票、债券的配置比例比较平均，为 40%～60%）和配置型基金（股债配置比例按市场情况进行调整）等。

在天天基金 App 中有一项"基金筛选"功能，用户可以根据自己的要求筛选基金。比如筛选混合型，就会弹出其他筛选条件，包括基金公司、基金业绩、更多分类等，具体内容如图 3-9 所示。

图 3-9　筛选混合型基金

在选择混合基金时应该注意以下四点。

第一，基金公司和基金业绩。我们在挑选基金之前首先要筛选那些优质的基金公司，这是亘古不变的方法。不过，混合基金的业绩表现分化严重，建议投资者多看看该基金的历史数据。

第二，了解混合基金的评价方法（根据基金《招募说明书》和《基金合同》）。

第三，选择一款适合自己的混合基金。对于混合基金，不同机构有不同的分类方法。实际上混合基金包括三个类别，即偏股型混合基金、偏债混合基金、主动型混合基金。它们的主要区别是各类型基金配比不同。

第四，选择合适的购买时机。投资基金和投资股票一样，也要选择一个合适的购买时机，如果购买时机选得不好，那么收益必然会大打折扣。例如，即使买入的基金各方面都好，但是市场行情不好，那么获得的收益肯定会比市场行情好时获得的收益低，甚至会被套牢。

3.1.6 QDII 基金

QDII 基金作为投资境外资产的主要工具，对于基金投资具有重要的配置意义。不同国家或地区的经济、政策千差万别，资本市场的相关性较低，投资者通过 QDII 能够更好地进行全球化资产配置。

2007 年，在 QDII 管理办法正式推出后，QDII 很快成为主流的跨境投资渠道。一句话概况，即 QDII 的投资对象不论是股票还是债券，都必须是境外的，至于其他方面，与我们平常讨论的基金并无实质区别。

另外，与其他一般意义上的公募基金不同，QDII 有额度限制，也就是基金规模有上限，超过后投资者就不能申购了。相反，仅投资国内资产的基金，只要业绩有吸引力，投资者就会源源不断地申购，基金规模自然也会节节攀高。

关于 QDII 可以使用的具体额度，国家外汇管理局会定期公布，例如，截至 2022 年 4 月 30 日，累计发放 QDII 额度 1 572.19 亿美元，其中，银行、证券（基金）、保险、信托四大类的额度分别是 252.7 亿美元、845.8 亿美元、383.53 亿美元、90.16 亿美元，具体内容如图 3-10 所示。

索 引 号：000014453-2012-00282　　分　　类：管理信息 资本项目管理 各类社会公众
来　　源：国家外汇管理局　　发布日期：2022-04-29
名　　称：合格境内机构投资者（QDII）投资额度审批情况表（截至2022年4月30日）

合格境内机构投资者（QDII）投资额度审批情况表（截至2022年4月30日）

附件1：合格境内机构投资者（QDII）投资额度审批情况表（截至2022年4月30日）

图 3-10　合格境内投资者（QDII）投资额度审批情况表

目前市场上 QDII 基金的存量为 226 只，如图 3-11 所示。具体到细分的资产类别，QDII 又以股票型为主，占比为 76%，其次是混合型，占比为 19%；

债券型和另类型分别占比 2%～3%。

全部(11071)　股票型(2142)　混合型(6177)　债券型(2526)　指数型(1606)　QDII(226)　LOF(340)　FOF(306)

QDII基金分类筛选：全部　全球股票　亚太股票　大中华区股票　新兴市场股票　金砖国家股票　成熟市场股票　美国股票　全球指数　QDII-ETF联接　股债混合　债券　商品

比较	序号	基金代码	基金简称	日期	单位净值	累计净值	日增长率	近1周	近1月	近3月	近6月	近1年	近2年	近3年	今年来	成立来
□	1	162719	广发道琼斯石	05-23	1.9654	1.9654	1.93%	0.61%	13.08%	31.19%	48.09%	78.59%	155.48%	113.72%	53.06%	96.54%
□	2	004243	广发道琼斯石	05-23	1.9579	1.9579	1.93%	0.61%	13.04%	31.02%	47.73%	77.43%	152.11%	111.07%	52.78%	95.79%
□	3	006373	国富全球科技	05-23	1.9517	1.9517	-0.28%	-1.48%	-2.75%	-12.07%	-23.87%	-14.78%	26.93%	85.61%	-21.40%	95.17%

图 3-11　QDII 基金类型表

关于 QDII 投资，以下几点需要大家注意。

第一，投资对象以权益类资产为主，其中又以被动的指数化投资方式为主导。

第二，从地区来看，美国是主要的单一投资国。

第三，从产品选择来看，建议选择单一国别或地区的基金，这样基金经理能够更聚焦，研究也会更深入。如果关注范围过于广泛，那么基金经理的能力圈可能远远不够。

第四，从投资方式来看，优先选择被动投资。指数投资通常会选择对应市场中最具代表性的市场指数，从而避开了选股方面的困难，投资者只需要关注市场的整体走势，因此，其研究难度相比单独挑选公司而言会明显下降。

第五，境外投资难度远超国内投资难度，投资者在考虑跨国别配置时，建议优先考虑基金这种间接投资方式，而不要采用购买股票或债券的直接投资方式。

3.1.7　ETF 基金

ETF 基金的全称是“交易型开放式指数基金”，其实从它的名字上可以看出 ETF 基金的全部特点。

- 交易型：可以在二级市场上交易。
- 开放式：可以随时申购和赎回。
- 指数基金：被动跟随指数的指数基金。

购买 ETF 基金的本质相当于购买了一堆股票。比如你看好新能源行业，但不会选个股，想把新能源行业里的大公司都买一遍。但你手里没那么多钱，这时你就需要 ETF 基金产品，即便只花了几百元，也相当于把指数成分内的所有新能源股都买了一点。

那么，ETF基金与指数基金有什么区别呢？其实二者的区别主要体现在持仓、交易和费用上。下面进行详细讲解。

1.ETF基金的持仓

在各类指数基金里面，ETF基金在理论上是跟踪指数效果最好的品种。

首先，由于申赎规则的特殊之处，ETF基金的最高仓位可以达到100%，而大部分基金的仓位最高只有95%，需要预留一部分资金来应对赎回的情况。所以，ETF基金对于指数的跟踪效果是最好的。

其次，ETF基金的持仓和权重完全公开、透明，都可以在中证指数公司的官方网站中查询，具体内容如图3-12所示。

毕竟现在ETF基金品种越来越多，如果你搞不懂其持仓的成分股到底有哪些，则可以到中证指数公司的官方网站上查询。

图3-12　中证指数成分表

2.ETF基金的交易

ETF基金和其他指数基金最大的区别其实还是在交易上。ETF基金的交易机制是比较独特的，结合了开放式基金和封闭式基金两者的优势，既可以申购和赎回，也可以在二级市场上交易。

3.ETF基金的申赎

ETF基金的申赎机制比较特殊，不是投资者直接拿钱去买基金份额，而是用一揽子股票去换基金份额。

简言之，你需要先按照指数内成分股的权重买齐这些股票，然后拿着这一揽子股票去申购基金份额。赎回时也是给你一揽子股票，你需要卖出股票后才能最终兑现。这也是ETF基金的仓位可以达到100%的原因，它不需要留出资金应对赎回。不过，这会导致ETF基金的申购门槛非常高。

例如，你想申购沪深300ETF，则需要按比例买齐成分股，需要300多万元。当然，也有其他指数的申购门槛会低一些，不过最少也需要几十万元。

4.二级市场交易

ETF基金最大的优势是可以直接在二级市场上交易。投资者只需拥有一个股票账户即可，交易时间和股票的交易时间一样，9：30—11：30，13：00—

15：00。购买 ETF 基金的最小单位是 1 手，也就是 100 份。目前市场上的 ETF 基金最便宜的大概几角，最贵的也就几元，1 手也就是几百元上下，几乎没什么门槛。图 3-13 为中概互联 ETF（基金代码为 159605）。

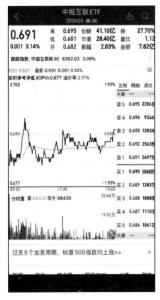

图 3-13　中概互联 ETF

此外，ETF 基金有涨跌停限制，涨跌停幅度是 10%。

当然，ETF 基金的交易与股票及场外的指数基金交易还是有不同的地方：一是股票的最小价格变动是 0.01 元，而 ETF 基金的最小价格变动是 0.001 元；二是股票交易大部分是 T+1 交易，而 ETF 基金交易虽然大部分是 T+1 交易，但是也有少部分是 T+0 交易；三是 ETF 基金和其他指数基金一样，都有分红，即便 ETF 基金一直不分红，由股票产生分红的收益也会被归入基金净值中，不会凭空消失。

5.ETF 基金的费用

虽然都在股票市场上交易，但是股票、场外基金的交易费率和 ETF 基金的交易费率是不一样的。ETF 基金的费用主要体现在两个方面：一是运作费用；二是交易费用。其中，运作费用包含管理费和托管费，以前的管理费为每年 0.5%，托管费为每年 0.1%，近年来费率都在下降，有些 ETF 基金的管理费已经降到每年 0.15%，托管费降到每年 0.05%，基本趋近于零费率。而且这些费用都是每天计提在净值里的，投资者基本上是感受不到的。这一点与场外的指数基金差不多，而主动基金的费率则要高出不少。

关于交易费用，场外基金主要体现在申赎费用上，而 ETF 基金则体现在交易费用上。

股票交易需要投资者缴纳千分之一的印花税及交易佣金（大多数在万分之二、万分之三左右）。ETF 基金的交易没有印花税，在通常情况下，其交易佣金和股票的交易佣金相同，但是可以申请单独调低，大部分券商可以将其调整至万分之一，甚至万分之零点五。

总之，ETF 基金是一种可以在场内交易的指数基金，交易的费率较低，跟踪指数的效果更好，与场外指数基金的区别并不是特别大。

3.1.8　FOF 基金

伴随着市场的深度发展，公募基金已经成为最受投资者关注的投资工具，基金的种类和数量都在扩容和增长。在这样的背景下，基金投资专业化成为发展趋势，FOF 基金应运而生，尤其是在 2022 年开年以来的震荡行情下，FOF 基金更是凭借平滑收益和波动的优势脱颖而出。Wind 数据显示，截至 2022 年 4 月 30 日，FOF 基金规模已经增长至 2 092 亿元。

FOF 基金是什么？它的运作原理是什么？它为什么越来越受欢迎？

大家通常把 FOF 称为"基金中的基金"。FOF 基金与投资者日常接触的股票基金、债券基金有所差异，比如普通基金投资的是一揽子股票、债券、货币市场工具等，而 FOF 基金投资的是一揽子基金。根据定义，FOF 基金要把 80% 以上的资产投资到其他的基金份额上，以间接地投资于股票基金、债券基金等，实现资产的二次分散。

投资者购买 FOF 基金，本质上是把钱交给专业机构，借助机构强大的投研力量和基金经理的专业投资能力，帮助投资者筛选出优质基金，构建合理的大类资产配置，从而达到优化投资组合、降低风险、提高收益的目的。相比于投资者自己选基金，FOF 基金解决了投资者资产配置难、择时难和选基金难的三大难题。

FOF基金与普通基金的区别有如下几点。

• FOF基金是以购买开放式基金为主体而成立的一种基金产品，它通过专业机构对基金产品进行筛选，从而选择那些比较合适的投资组合。

• 对于传统的开放式基金来说，它的底层主投标的是股票、债券、货币市场工具或股债混合去投资；而FOF基金的底层主投标的是其他基金，比如股票基金、债券基金、混合基金等。

• 假如投资者配置了一只FOF基金，相当于购买了很多只基金，或许已经涵盖了他原本想配置的权益基金、债券基金或其他大类资产等。

• 在标的挑选的标准上，FOF基金的基金经理可能更重视基金产品本身是否值得信任。比如，基金经理想要配置债券类型的产品，会直接通过债券基金来选择更加合适的基金经理和债券配置。通过二次筛选可以选出更好的基金产品，能够有效降低产品的非系统风险。

同时，按照不同的分类方法，FOF基金种类繁多，常见的有如下几种。

1. 按投资种类划分

FOF基金按投资种类可分为股票型FOF（80%以上的基金资产用于投资股票型基金）、债券型FOF（80%以上的基金资产用于投资债券型基金）、混合型FOF（能混合持有股票型基金、债券型基金、货币型基金，且对单一投资品种没有80%的仓位限制）、货币型FOF（80%以上的基金资产用于投资货币型基金）和其他FOF（80%以上的基金资产用于投资其他某一类型的基金，如期货、黄金等）。

2. 按投资策略划分

FOF基金按投资策略可分为目标风险和目标日期。前者是指通过设定权益等风险资产的比例，控制基金组合的风险。后者是指随着设定的目标日期的临近，逐步降低权益资产的配置比例，增加非权益资产的配置比例。

3. 按运作方式划分

FOF基金按运作方式可分为定期开放和持有期。前者是指持有人只能在基金打开申赎的期间进行申购或赎回。后者是指满足持有期，投资者可以随时申购或赎回。对于持有期的产品，以一年持有期的基金为例，投资者买入后需持有基金满一年。满一年后，投资者可以选择继续持有，也可以选择赎回。对于定期开放的产品，投资者只能在定期打开时进行申购或赎回，比如一年定期开放的产品，每年 6 月打开申赎，投资者只可在每年 6 月定期打开时进行申购或赎回。

4. 按投资基金归属划分

FOF 基金按投资基金归属可分为内部 FOF、外部 FOF 和混合 FOF。内部 FOF 是指主要投资于基金管理人旗下基金的 FOF。外部 FOF 是指在全市场范围内选基金。混合 FOF 是指精选优质基金，不分内外。

大家如果想知道一只 FOF 基金到底属于什么种类、采取什么投资策略等一系列详细信息，则需要查看其《招募说明书》，在"基金的投资"一节中会有这只 FOF 基金将来会买什么基金，采取什么投资策略，对于不同种类、具有不同风险收益特征的基金会采取什么样的配置比例等详细说明。

大家可以在支付宝、东方财富 App 上查询和购买 FOF 基金，具体内容如图 3-14 所示。

图 3-14　FOF 基金展示图

3.1.9 REITs 基金

REITs 是房地产投资信托基金，也是一种以发行收益凭证的方式汇集特定多数投资者的资金，由专门投资机构进行房地产投资经营管理，并将投资综合收益按比例分配给投资者的一种信托基金。与我国信托纯粹属于私募性质有所不同的是，国际意义上的 REITs 在性质上等同于基金，少数属于私募，但绝大多数属于公募。

同时，REITs 既可以封闭运行，也可以上市交易流通，类似于我国的开放式基金与封闭式基金。近 20 年来，北美地区 REITs 的平均收益率为 13.2%，欧洲 REITs 的平均收益率为 8.1%，亚洲 REITs 的平均收益率为 7.6%；由于欧债危机的影响，欧洲 REITs 的收益率迅速下降至 -9.2%，而北美地区的 REITs 则取得了 12.0% 的平均收益率。可见，在不同时间区间内，不同国家和地区的房地产景气程度往往大相径庭。

REITs 的魅力在于通过资金的"集合"，为中小投资者提供了投资于利润丰厚的房地产业的机会，专业化的管理人员将募集的资金用于房地产投资组合，分散了房地产投资风险，投资者所拥有的股权可以转让，具有较好的转换性。

从不同角度对 REITs 有多种分类方法，常见的分类方法有以下几种。

1. 根据组织形式的不同，REITs 可分为公司型和契约型

公司型 REITs 以《公司法》为依据，通过发行 REITs 股份所筹集的资金用于投资房地产资产。REITs 具有独立的法人资格，自主进行基金的运作，面向不特定的广大投资者筹集基金份额，REITs 股份的持有人最终成为公司的股东。

契约型 REITs 则以信托契约成立为依据，通过发行收益凭证筹集资金而投资于房地产资产。契约型 REITs 本身并非独立法人，仅仅属于一种资产，由基金管理公司发起设立，其中基金管理人作为受托人接受委托对房地产进行投资。

二者的主要区别在于设立的法律依据与运营的方式不同，因此，契约型 REITs 比公司型 REITs 更具灵活性。公司型 REITs 在美国占主导地位，而在英国、日本、新加坡等国家契约型 REITs 则较为普遍。

2. 根据投资形式的不同，REITs 通常被分为三类：权益型、抵押型与混合型

权益型 REITs 投资于房地产并拥有所有权，且越来越多地开始从事房地产经营活动，比如租赁和客户服务等。但是，REITs 与传统房地产公司的主要区别在于，REITs 的主要目的是作为投资组合的一部分对房地产进行运营，而不是开发后进行转售。

抵押型 REITs 的主要投资对象是房地产抵押贷款或房地产抵押贷款支持证券，其收益来源主要是房地产贷款的利息。

混合型 REITs 是权益型 REITs 与抵押型 REITs 的混合体，其自身拥有部分物业产权的同时也在从事抵押贷款的服务。市场上流通的 REITs 绝大多数为权益型，而另外两种类型的 REITs 所占比例不到 10%，并且权益型 REITs 能够提供更好的长期投资回报与更大的流动性，市场价格也更具有稳定性。

3. 根据运作方式的不同，REITs 可分为封闭型与开放型

封闭型 REITs 的发行量在发行之初就被限制，不得任意追加发行新的股份；而开放型 REITs 可以随时为了增加资金投资于新的不动产而追加发行新的股份，投资者也可以随时买入，不愿持有时也可以随时赎回。封闭型 REITs 一般在证券交易所上市流通，投资者不想持有时可在二级市场上转让卖出。

4. 根据基金募集方式的不同，REITs 可分为私募型与公募型

私募型 REITs 以非公开方式向特定投资者募集资金，募集对象是特定的，且不允许公开宣传，一般不上市交易。公募型 REITs 以公开发行的方式向社会公众投资者募集信托资金，发行时需要经过监管机构严格的审批，可以进行大规模宣传。私募型 REITs 与公募型 REITs 的主要区别在于：一是在投资对象方面，私募型基金一般面向资金规模较大的特定客户，而公募型基金则不限定客户；二是在投资管理参与程度方面，私募型基金的投资者对于投资决策的影响力较大，而公募型基金的投资者则没有这种影响力；三是在法律监管方面，私募型基金受到的法律及规范限制相对较少，而公募型基金受到的法律限制和监管通常较多。

REITs 具有投资门槛低、分红比例高、流动性强等优势，已成为中小投资者间接投资房地产的良好途径。此外，REITs 与股票、债券市场的相关性较低，在投资组合中配置一部分不动产基金，可优化投资组合，有效分散单一投资证券市场的风险。国内投资者可以通过参与境内基金公司发行专注于房地产投资的QDII 基金，间接投资海外的房地产项目。

3.2　股票配置

人无股权不富，购买股票实际上是购买一家企业。

资产配置为什么要配置股票？

最近两三年股票市场的波动让很多人对股票又爱又恨。赚钱的人说股票长期收益率最高，亏钱的人说自己就是被主力割的"韭菜"。那么，股票到底是一种怎样的资产呢？畅销书《股市长线法宝》中有一个案例，即1802年，三个美国人 A、B、C 手里分别有1美元现金，他们基于各自的风险偏好作出了完全不同的投资决策。

- A 害怕风险，购买黄金作为保障。
- B 愿意承担一定风险，购买了风险相对较小的债券。
- C 敢于冒险，购买了风险较大的股票。

三个人都长期持有手中的资产，一直到2006年，他们手中的资产价值分别是多少？

在充分考虑了通货膨胀的影响之后，2006年，1美元的黄金价值1.95美元，1美元的债券价值1 083美元，1美元的股票价值75.52万美元。同样是1美元，只因选择的投资品种不同，最终的收益天差地别。当然，如果把1美元封起来放在家里，那么1802年的1美元现金到2006年的真实购买力只有0.06美元，贬值了94%，这样一来，大家就可以理解储蓄现金的收益最低的原因了。

上面的案例给予我们的启示有两点：一是一定要打理家庭资产，做好资产配置，即使只是简单地应对通货膨胀；二是从长期来看，在接触最多的投资品种中，股票的收益是最高的，是追求长期收益投资者的最佳选择，没有之一。

纵观全球各个国家金融市场的发展历史，股票的长期收益率确实远远超过其他资产的长期收益率。它不仅跑赢了国库券和债券等金融资产，还跑赢了房地产、艺术收藏品等非金融资产。瑞士信贷研究院与伦敦商学院合作进行了一项研究，对全球23个国家和3个不同地区、不同类型投资品的表现进行了综合评估，结果发现：1900—2017年，发达国家股市的年回报率为8.4%，新兴国家股市的年回报率为7.4%，全球股市的收益率比国库券和债券的收益率分别高出 4.3% 和 3.2% ；全球房地产实际回报率仅为 1.3% ，艺术收藏品年均回报率为 2.9% ，债券、房地产、艺术收藏品的回报率均不及股票的回报率。

从个股来看，其中一些优质股票的收益率更是高得惊人。除苹果、微软外，国内也出现了一些十倍股、百倍股，比如贵州茅台、宁德时代、比亚迪、英科医疗等。

那么，投资者怎样才能买到一只优质股票呢？怎样才能从几千只股票中选到翻倍股、十倍股呢？下面我们将详细讲解。

3.2.1 如何分析一只股票

在 A 股市场上，很多人买股票的目的都是投机而不是投资。要想真正看懂公司来买到好股票，从而在资本市场上持续盈利，就需要建立起自己的系统分析框架。首先需要把以下几个问题弄清楚。

- 怎么看明白一个行业（行业分析）？
- 怎么看懂公司的商业模式？
- 深入了解公司的业务。
- 看懂财报中的关键指标。
- 看公司的成长性。
- 护城河。
- 十倍股。
- 风险排雷。

1. 怎么看明白一个行业（行业分析）

怎么通过行业分析来寻找一个好行业？这是一个复杂而耗时的过程。如果错过了任何一个维度，那么整个分析就会出现问题。如果一个行业本身是有问题的，那么这个行业里面的企业再好也不可能持续。

行业分析的目的是明确哪些是战略性新兴行业，比如"十四五"规划里面明确的新能源、中药等行业，类似煤炭、水泥、造纸等行业将逐步被淘汰。那么，在进行资产配置时就要把钱投入新兴行业而不是夕阳行业中。大家要知道，政策是影响行业发展的重要因素。行业分析一般包括行业基本状况分析、行业一般特征分析、行业周期分析和行业结构分析，其示意如图 3-15 所示。

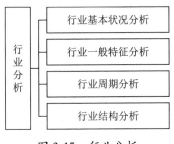

图 3-15　行业分析

　　行业基本状况分析主要分析一个行业的前世今生，包括它的发展历程回顾、现状及对未来的预测。行业容量也需要重点关注。有的企业规模做不上去，不是企业本身的问题，而是行业规模就那么大，比如你开一家小面馆，就算做到全国连锁也不太可能有上万亿元市值。这样的企业可以通过收购延长产业链或通过多元化经营完成转型，因为它只凭借自身力量很难突破行业思维瓶颈。

　　不同行业之间的行业特征差异比较大。比如零售业进入门槛不高，企业竞争激烈，整个行业呈现出经营品种多、周转速度快及行业毛利率低等特点；而制药企业首先要取得政府颁发的生产许可证，因此，行业进入门槛高，再加上药企资金投入大、对高级专业人才的需求量大、工艺复杂等，其利润率要高于一般行业的利润率。因为不同行业关注的指标不同，所以只有同行间的企业才更具有可比性。行业一般特征分析包括竞争、需求、技术、增长和盈利特征分析，具体内容如图 3-16 所示。

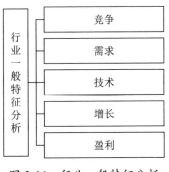

图 3-16　行业一般特征分析

图 3-17 为常见的行业特征影响因素。

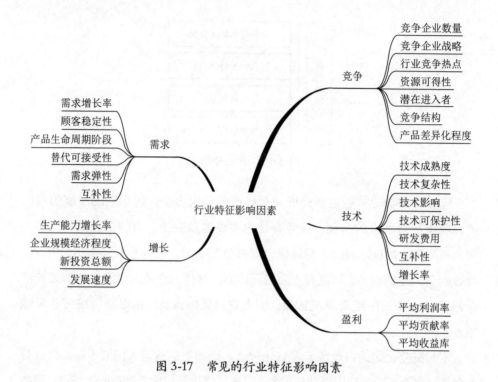

图 3-17　常见的行业特征影响因素

在竞争特征中提到了资源可得性。大家都知道，物以稀为贵，稀缺就是宝。比如，贵州茅台在白酒行业里的地位几乎没有可与之相提并论的，它掌握了白酒行业的定价权。

行业周期分析一定要结合产品周期。比如汽车行业，传统燃油汽车的发展已经成熟，各家汽车生产制造商陆续宣布将在一定期限内停止生产燃油汽车，新能源汽车如雨后春笋般涌现；又如自行车行业虽然已经饱和，逐渐被电动车取代，但是共享单车的出现又给自行车生产商带来了大量订单。所以，技术变革和商业模式的创新可能会让成熟衰退期的行业"老树发新枝"，行业周期里没有绝对的衰退与否，要结合产品周期来看。

行业结构分析经常用到的是 SWOT 分析法，其中，S 是优势，W 是劣势，O 是机会，T 是威胁。所谓 SWOT 分析，即基于内外部竞争环境和竞争条件下的态势分析，就是将与研究对象密切相关的各种主要内部优势、劣势和外部的机会和威胁等，通过调查列举出来，并依照矩阵形式排列，然后用系统分析的思想，把各种因素相互匹配起来加以分析，从中得出一系列相应的结论来辅助分析和决策。

2. 怎么看懂公司的商业模式

在对投资标的进行了行业分析之后，要看懂一家公司，尤其是一家上市公司，就要弄明白它的基本商业模式。在投资中了解一家公司，要像对老朋友一样做到知根知底，并且能看出它的情绪变化，这样才能预判公司未来的发展，为投资和资产配置提供足够的安全保障。同时，了解一门生意需要通过公司的多个侧面和角度来理解，比如企业文化和价值观、企业家和管理团队、产品与技术、财务及盈利、客户及供应商等。最有效的方法是研究企业的商业模式，了解企业如何运营、如何创造价值。商业模式是企业运营的全貌和整体概括，是价值投资中研究的核心和重点。

另外，商业模式描述了企业创造价值、传递价值、获取价值的过程，是企业经营活动的完整图画。但商业模式并不是一个后视镜，仅仅是历史经验的总结，它是企业运营的核心特征，决定企业未来长期发展的方向，是判断企业未来发展最好的望远镜。研究商业模式的目的是发现真正的好公司。换言之，真正的好公司都有自己独特的商业模式。优秀的商业模式是优秀公司的鲜明特征及其未来发展的保障，优秀的商业模式很难被竞争对手模仿，能持续为客户创造价值，为投资者带来稳定的回报。我们看那些超级大牛股都是依靠商业模式持续地创造价值、服务客户、保持竞争优势，最终成为独一无二的优质企业。

商业模式分析框架分为四个视角，分别如下：

第一个视角：提供什么

提供什么就是企业的价值主张，就是要为客户做什么。

价值主张是公司希望通过自己的产品和服务向消费者提供的价值。价值主张回答了公司对消费者的实际意义和存在的理由。上市公司的官方网站中通常会有"企业文化"一栏，包括企业使命、愿景、价值观的表述。使命就是企业的价值主张，愿景是企业发展的远期目标，价值观是企业的商业行为及道德伦理准则。搞清楚企业的价值主张是研究商业模式的第一步。

第二个视角：为谁提供

由于资源及能力的限制，企业不可能服务所有人，需要在一个细分市场上聚焦，针对特定的客户群提供服务。企业的营销部门与此相关，包括以下三个构造块。

●细分目标客户：即企业所瞄准的消费者群体。这些群体具有一些共同特性，企业能够针对这些共性创造价值服务客户。明确消费者群体的过程也叫作市场细分。

●分销渠道：即企业与消费者接触的各种途径。这里阐述了企业如何开拓市场接近客户，也就是企业的市场和分销策略。

●客户关系：即企业与消费者群体之间建立的联系。这也叫作客户关系管理。

第三个视角：如何提供

如何提供就是企业如何高效利用手中的资源，生产出客户需要的产品或服务。这部分也就是企业的供应链、技术开发和生产环节，包括以下三个构造块。

●价值配置：即企业如何高效地配置手中的资源和活动，简单地说就是如何花钱、把钱花在什么地方。

●核心能力：即公司运行自己的商业模式需要的各种能力和资格，比如研发的技术、专利、商业秘密、资源聚合能力等。核心能力是驱动公司有效运行的关键因素，类似于汽车的发动机。

●合作伙伴网络：即供应商及各种合作关系网络。企业总是处在一种商业网络关系中，与上下游进行商业合作，优秀而稳定的上游供应商非常重要。

第四个视角：如何盈利

企业创造价值，必须获得盈利的回报，才能够持续生存。从财务方面考察，企业的收入要高于成本支出才会产生利润。

●成本结构：企业各种支出、费用的占比。

●收入模型：客户支付给企业的款项。

另外，一个成功的商业模式往往具有以下三个特征。

第一，具有独特的创新性，能提供独特的价值

要么是差异化的产品，与众不同；要么是提高了生产效率，价格更加便宜。这种独特的价值可能是新产品、新服务或新思想，经常是产品和服务独特的组合。例如，苹果手机品牌提供一种极致的手机产品及服务；微信提供一种不可替代的熟人社交网络；沃尔玛超市提供低廉的日用品，帮助客户节省开支；茅台提供一种口味独特的白酒。

第二，难以被模仿

企业深入了解客户的需求，通过无与伦比的实施能力，对客户进行悉心照

顾，持续为客户创造价值，从而保证源源不断的利润。商业模式具有系统性特点，它是一个整体，其中一个细小环节的变化都会产生很大的不同。例如，虽然很多企业都在学习海底捞的管理模式，但是很难成功，因为海底捞对于基层员工的高度授权及透明化管理是一般企业难以做到的；又如戴尔的直销模式，人人都知道其如何运作，也都知道戴尔公司是直销的标杆，但就是很难复制，原因在于"直销"的背后是一套完整的、极难复制的资源和生产流程。另外，商业模式是公司与客户在互动关系的交互中发展出来的，客户也参与其中，是完整价值链条中的重要环节，所以，竞争对手必须能够创造更加卓越的价值才能够赢得客户，其难度可想而知。

第三，持续盈利

成功的商业模式要能够持续不断地创造价值，获得必要的经济回报。企业创造的价值要能够在各个参与者之间进行合理的分配，保障企业有足够的盈利进行再投入，能够持续地经营。企业只有平衡好客户、股东、员工、供应商等利益方的价值分配，商业模式运营才能够有充足的动力。

大家在投资中考察一家企业时，要通过其历史表现来判断这家企业是否有成功的经验，并对其未来发展做出前瞻性的预判。

3. 深入了解公司的业务

要想了解公司的业务就去看上市公司年报，年报最开始的部分一定是公司管理层对集团业务、战略、市场和重点数据的解读。我们在对行业和公司的商业模式有所了解以后，对业务总览部分要进行以下两个方面的阅读。

1）验证

一是公司对行业的分析与自己的分析是否一致，如果不一致，那么给出的理由是否合理。比如公司策略失误，但辩解是因为市场不好，这就有问题。

二是公司对市场的展望与自己的分析是否一致，如果不一致，那么给出的理由是否合理。如果你的行业分析能力不强，则可以多比较几家同行业公司的观点。

三是公司战略是否有重大调整或有新业务线，如果有调整则出于什么目的，是政策还是行业发展，抑或是经济周期等。

四是公司提示的风险。这一点很重要。上市公司年报喜欢把所有的相关风险列出来，这时我们需要对不同的风险进行标注。

五是组织架构调整，这意味着公司对不同业务线重视程度的变化、对不同产品线资源投入的变化。

2）指标

大家需要在上市公司年报中找到有用的指标。比如知识付费行业，非常重要的指标包括现有付费客户数、客单价、续费率，如果是互联网平台，则可能还要找到用户市场数据；又如存货占资产比相对较高的企业，大家需要研究存货价值（对手机存货、白酒存货、资源存货有着不一样的分析标准）等。对这些指标进行的所有分析，包括同比、环比、行业平均比较都是必要操作，对异常数据（太高、太低、暴涨、暴跌）要十分小心。

4. 看懂财报中的关键指标

1）盈利能力

以下是与公司经营相关的各类盈利指标。

销售毛利率 =（营业收入 - 营业成本）÷ 营业收入 ×100%，该指标主要反映公司产品在市场上的竞争力。

销售净利率 = 净利润 ÷ 营业收入 ×100%，净利率的高低直接受毛利率高低的影响。

净资产收益率（ROE）= 净利润 ÷ 净资产 ×100% = 销售净利率 × 资产周转率 × 权益乘数。

总资产收益率（ROA）= 净利润 ÷ 总资产 ×100%。

净利润现金流比率 = 经营活动现金流净额 ÷ 净利润。

注：营业现金流量、自由现金流、息税前利润 / 未计利息 / 税项 / 折旧及摊销前利润等各类指标，行业不同侧重看的指标不同，没有基础的读者可以买一本专门讲解财报的书来补充一下知识。

2）运营能力

好产品一定要有好销售，这个销售就是运营的一部分，也就是说一个好产品还需要运营的配合。再好的产品，库存管理不好、宣传做不好，也有卖不出去的风险；再大的销量，应收账款收不回来也会占用资金。

（1）内部各类周转率

存货周转率 = 销售成本 ÷ [（期初存货 + 期末存货）÷2] ×100% = 销售成本 ÷ 平均商品存货 ×100%

固定资产周转率 = 销售收入 ÷ 平均固定资产 ×100%

现金循环周期是指企业在经营中从付出现金到收到现金所需要的平均时间。

分析这几个指标的核心的目的就是评价企业内部有效利用资金、资源及运用资产的能力。

（2）与上下游的各类周转率

应收账款周转率 = 销售收入 ÷［（期初应收账款 + 期末应收账款）÷2］×100% = 销售收入 ÷ 平均应收账款 ×100%

应付账款周转率 = 采购额 ÷ 平均应付账款余额 ×100%

应付账款周转天数 =360÷ 应付账款周转率

（3）各类费用效率比

• 人效比。

• 营销费效比。

• 管理费效比。

3）财务能力

上市公司的财务能力是非常重要的。经营产生的现金与外部融资得到的现金必须有一个很好的配比，也就是要有比较健康的"资本结构"。大家需要在上市公司年报里找到以下几个重要指标，目的是分析一家公司在资本市场上的能力，出色的表现是对公司主营业务的良好促进。由于不同行业对资本市场的依赖程度不同，这就要求我们要对行业有一定的了解，比如地产公司和游戏公司对资本市场的依赖程度相差甚远。

（1）融资能力。

一是关注增发能力（股权融资能力）。有两件事情需要解决：其一是判断公司是否通过增发稀释现有股东股权，防止被收割；其二是假设我们判断增发是为了企业更好地发展，要了解公司在股权资本市场上的融资能力，喊了半天、想了半天，正经用途需要增发但是发不出来，也是有问题的。大家可以通过关注增发周期和销售情况进行判断。

二是关注举债能力（债权融资能力）。大家需要关注周期、成本、各年度到期情况，这些指标能够协助我们预测公司未来的还款压力、持续举债能力，以及债权人对公司经营的判断等。

对于其他类型的融资，比如贷款、金融租赁、可转债、供应链金融等相关金融工具的情况，同样考查周期、成本、到期情况等。

（2）投资能力。

从产业投资者视角来看，上市公司不仅是一个金融平台，还是一个投资平台。

首先要判断公司的投资行为是否合理。某些知名公司采用先投资、收购再大幅资产减值的方式，把二级投资人收割得一干二净。

其次要判断被投企业是否与上市公司产生业务协同，判断是否会成为新的增长点。很多上市公司做产业投资对财务性回报要求不高，但是对产业协同极为重视。

我们评估一家公司的资本结构是否合理、对资本的使用是否合理、偿债能力如何等，可采用以下几个常用的指标。

• 资产负债率。资产负债率是负债总额除以资产总额的百分比，计算公式为资产负债率 =（负债总额 ÷ 资产总额）×100%，也就是负债总额与资产总额的比例关系。

• 流动比率。流动比率是指企业流动资产和流动负债的比率，计算公式为流动比率 = 流动资产 ÷ 流动负债。其中，流动资产包括现金、应收账款、有价证券、存货；流动负债包括应付账款、应付票据、期内到期的长期债务、应付税款及其他应付费用。流动比率是衡量企业财务安全状况和短期偿债能力的重要指标。一般认为流动比率应维持在 2：1 左右才足以表明企业财务状况稳妥可靠，但也不是越高越好。倘若出现了存货积压、产品滞销、应收账款已经过期等情况，虽然流动比率提高了，但并不代表企业具有较高的偿债能力。因此，应用流动比率评价企业的短期偿债能力时应注意流动资产的构成及各项流动资产的周转情况。

• 速动比率。速动比率是指企业速动资产与流动负债的比率。速动资产是企业的流动资产减去存货和预付费用后的余额，主要包括现金、短期投资、应收票据、应收账款等科目。计算公式为速动比率 = 速动资产 ÷ 流动负债，其中，速动资产 = 流动资产 − 预付账款 − 存货，或者速动资产 = 流动资产 − 存货 − 预付账款 − 待摊费用。

• 现金流量比率。现金流量比率是指现金流量与其他项目数据相比所得的值。现金流量比率 = 经营活动产生的现金净流量 ÷ 期末流动负债。比率越高，说明企业的财务弹性越好。通过该比率分析，可了解维持公司运行、支撑公司发展所需要的大部分现金的来源，从而判别企业财务状况是否良好、公司运行是否健康。一般而言，公司现金流入以经营活动为主，以收回投资、分得股利取得的现金及银行借款、发行债券、接受外部投资等取得的现金为辅，是一种比较合理的结构。预警信号是与主营业务收入利润率指标相类似，当经营现金流量比率低于 50% 时，预警信号产生。

●偿债保障比率。偿债保障比率是指负债总额与经营活动现金净流量的比率。一般认为，比率越低，企业偿还债务的能力越强。偿债保障比率 = 负债总额 ÷ 经营活动现金净流量。

5. 看公司的成长性

公司成长性分析的目的在于观察企业在一定时期内的经营能力发展状况。成长性比率是衡量公司发展速度的重要指标，也是比率分析法中经常使用的重要比率，这些指标主要有以下几种。

●总资产增长率：即期末总资产减去期初总资产之差除以期初总资产的比值，反映了企业在此期间资产规模的增长速度。在通常情况下，总资产增长率指标值越高，表明公司在一定时期内的资产经营规模扩张的速度越快。

公司所拥有的总资产来源包括权益与负债，这是公司赖以生存与发展的物质基础。处于扩张时期的公司的基本表现就是资产规模的扩大和公司体量的增加。这种扩大一般来自两个方面的原因：一是所有者权益的增加；二是公司负债规模的扩大。对于前者，如果是由于公司发行股票而导致所有者权益大幅增加，那么投资者需要关注募集资金的使用情况，如果募集资金还处于货币形态或作为委托理财等使用，那么这样的总资产增长率反映出的成长性将大打折扣；对于后者，公司往往会在资金紧缺时向银行贷款或发行债券，资金闲置的情况比较少，但它受到资本结构的限制，当公司资产负债率较高时，负债规模的扩大空间有限。

●固定资产增长率：即期末固定资产总额减去期初固定资产总额之差除以期初固定资产总额的比值。对于生产性企业而言，固定资产的增长反映了企业产能的扩张，特别是供给存在缺口的企业，产能的扩张直接意味着公司未来业绩的增长。在分析固定资产增长率时，投资者需要分析增长部分固定资产的构成。如果增长的固定资产大部分还处于在建工程状态，那么投资者需关注其预计竣工时间，待其竣工，必将对竣工当期利润产生重大影响；如果增长的固定资产在本年度较早月份已竣工，则其效应已基本反映在本期报表中，投资者希望其未来收益在此基础上再有大幅增长已不太现实。

• 主营业务收入增长率：即本期主营业务收入减去上期主营业务收入之差除以上期主营业务收入的比值。通常具有成长性的公司多数是主营业务突出、经营比较单一的公司。主营业务收入增长率高，表明公司产品的市场需求大，业务扩张能力强。如果一家公司能连续几年保持20%以上的主营业务收入增长率，则基本上可以认为这家公司具备成长性。

• 主营利润增长率：即本期主营业务利润减去上期主营业务利润之差除以上期主营业务利润的比值。一般来说，主营业务利润稳定增长且占利润总额的比例呈增长趋势的公司正处在成长期。一些公司尽管年度内利润总额有较大幅度的增加，但主营业务利润却未相应增加，甚至大幅下降，这样的公司质量不高，投资这样的公司尤其需要警惕，这里可能蕴藏着巨大的风险，也可能存在资产管理费用居高不下等问题。该指标越高，说明企业的生产规模扩张迅速，生产效率增长的可能性越大；当该指标处于一种停滞的发展状态时，企业的销售规模往往会受到生产能力的限制，从而难以保证盈利能力的增长速度。

• 净利润增长率：即本期净利润减去上期净利润之差除以上期净利润的比值。

一是净利润增长率越大，说明企业收益增长得越多，表明企业经营业绩突出，市场竞争能力越强；反之，说明企业收益增长得越少，表明企业经营业绩不佳，市场竞争能力越弱。

二是分析企业的净利润增长率还需结合企业的销售增长率。但是，仅仅计算和分析企业某一年度的净利润增长率是不够的，无法反映出企业净利润增长的真实趋势。

三是正确分析企业净利润增长趋势的方法是将企业连续多年的净利润增长率指标进行对比分析。

作为投资者，如果要研究一家企业的投资价值空间如何，那么至少要对上市公司年报中近5年的净利润增长率进行比较，看看企业近5年的净利润是否在持续增长。如果企业的净利润增长率连续5年增长，则说明企业的净利润增长能力比较稳定，具有良好的增长趋势；如果企业的净利润增长率连续5年大幅度下降，或者有任何两年无增长，则说明企业的盈利能力不稳定，不具备良好的增长势头。

　　净利润增长率背后的含义是净利润增长率高代表企业的经营业绩好，经营状况处于正常的上升轨道中；如果净利润增长率低，那就有可能是企业的经营状况出现了问题，或者企业跟不上时代的发展，无法创新，没有出现新的利润增长空间。

　　净利润增长率指标从不同的侧面考查了企业的增长能力。一般而言，如果一家企业的销售增长率、主营业务收入增长率、主营利润增长率、净利润增长率能够持续保持同步增长，且不低于行业平均水平，则基本上可以认为这家企业具有良好的增长能力。

6. 护城河

　　"护城河"的概念是由巴菲特提出的。一门赚钱的好生意一定会引来诸多竞争者抢夺份额。优秀的企业就像城堡，我们知道，在城堡的周围，人们往往会挖出一条又宽又深的河来进行自我防御。那么，一家优秀的上市公司一定有自己的"护城河"，而这条"护城河"不单单是竞争优势。

　　那么，竞争优势是什么? 企业生产的产品或提供的服务优质、成本比较低且具备较大的规模等都是竞争优势。"护城河"的形成来源于企业的竞争优势，当企业有足够的竞争优势时，会有极大的概率打造出"护城河"进行有效的防御；同时，"护城河"又将提高企业的竞争优势，两者之间形成良性循环。

　　市场中90%的投资者了解竞争优势较为容易，但对于"护城河"的概念较为模糊。那么，怎样的"护城河"才算是优秀的"护城河"呢? 要具备以下三点，缺一不可。

　　● 品牌与专利：品牌与专利是企业的无形资产。品牌意味着信任和背书。以贵州茅台为例，尽管有其他白酒企业生产出了与茅台酒味道相同的白酒，但是很难攻破贵州茅台的"护城河"，因为他们没有贵州茅台的品牌，没有贵州茅台的故事。而专利可以让你生产出同行业其他企业生产不出来的产品，同样是"护城河"的一种体现。

　　● 黏性：好的产品或服务是自带黏性的，茅台酒就是好产品，很多喝酒的人都爱喝茅台酒，因为大家喝的不仅仅是一种味道，更是一种品位，这就是产品的黏性。但白酒、食品饮料等快消品只有弱黏性，因为人们可以不喝白酒而选择喝红酒，可以不喝饮料而选择喝白开水，在很多场合下替代性品种还是比较多的。但是，如果具有强黏性，则意味着这是必需的选择，难有其他选项。比如人人都在使用的微信就具有强黏性，因为大家在工作和生活中都在使用微信，如果不使用，那么在某种意义上就意味着与社会脱节了。黏性的存在使消费者难以割舍，意味着无论是同行还是外行，想要获取这些消费者的认同，需要为此支付更大的代价，付出更多的成本，这样往往是得不偿失的。黏性的存在能令同行与外行望而却步。

•规模：规模与成本相对应，规模越大，利润越高，从而导致竞争者无法对抗。其他企业想进入这一行业，都要琢磨自己是否具备规模，如果不具备规模，那么自己到底占什么优势；就算维持低利润，可面对行业领导者大打价格战，自己也要考虑能坚持多久。

品牌与专利、黏性、规模，三者得其一，就是一家非常了不起的公司；如果三者协同，就是一条优秀的"护城河"。

7.十倍股

哪些类型的股票是大牛股？参照彼得·林奇的归类方法，把所有股票归纳成六类（十倍股就包含其中），分别是缓慢增长型、稳定增长型、快速增长型、周期型、困境反转型、隐蔽资产型。

1）缓慢增长型

缓慢增长型是指那些收益增长速度缓慢的大公司股票，比如电力股、通讯股、银行股等。这些公司的市值规模很大，与社会利益捆绑在一起，而且是非常成熟的行业。它们的特点是稳定、抗风险，甚至有分红。但这类公司很难出十倍股，所以作为防守配置比较合适。

2）稳定增长型

稳定增长型是指那些从成长走向成熟的龙头企业股票，比如白马股，只要能在低估时买入这类股票，并长期持有，大概率能获得很好的回报。

3）快速增长型

快速增长型是指那些规模小、刚上市不久，但成长空间很大、年收益增长在 20%～25% 的初创企业股票。这类股票就是彼得·林奇最喜爱的，因为其容易出十倍以上的牛股。

怎么找快速增长型股票呢？

在任何一个券商 App 上都可以看到这只股票的详细资料，如果净利润增长率连续 4 年都在 20%～25%，就是彼得·林奇所说的快速增长型股票。记住，至少要连续 4 年，中间任何一年不达标都不行。

当然，并不是找到连续 4 年高增长率的股票就可以买入，还要考虑它的市盈率，也就是 PE。那 PE 要达到多少呢？如果一家企业的净利润增长率等于或高于它的市盈率（PE），那么基本上可以确定这只股票没有被高估。

那么，如何找到这类企业呢？

彼得·林奇说要在生活中寻找，比如你喜欢电子产品，那就看你喜欢的这家科技公司的指标是否符合上面两个条件。所以，大家找出快速增长型股票的方法是先从你的生活或工作中找出你熟悉的企业，然后看它近 4 年的净利润增长率有没有在 20%～25%，且这个值高于它的市盈率。

4）周期型

周期型是指钢铁、煤炭、金属及券商行业的股票。它们的收益一般都不稳定，经常是三年不开张、开张吃三年。比如，一段时间钢铁股很火爆，前几年却无人问津；券商股也是一样的，在熊市的时候，行情走势很平坦，而牛市一旦来临，行情飞升。

周期型股票也出过很多十倍股，比如 2014—2015 年的牛市，西部证券涨了八倍，还有很多券商股也在一年间涨了很多倍。当然，这类股票涨得快，跌得也快，所以大家一定要小心，建议大家不要去追高周期股。

怎么找出周期型股票呢？

牛市时买入券商股，就算赚不到十倍，也可以很快赚到两三倍。牛市要配置券商股，熊市不要买券商股。

5）困境反转型

困境反转型是指遭遇困境后又走出困境的股票。这类股票中也经常出现十倍股甚至几十倍股。彼得·林奇也非常喜爱这种类型的股票。比如，医药生物经常出现困境反转型股票，经常跌得一文不值，可是一旦新药研发成功或有新技术突破，股价在短时间内就可以上涨几倍。

怎么找出困境反转型股票呢？

这需要投资者本身对相关专业有深厚的了解，不过也不一定能押对公司。比如，医学研究本身就很难认准，再优秀的医药公司也常有研究失败的情况，再小的医药公司也有可能突然研制出一种改变全人类命运的新药或新技术。

新药研制一旦失败，股票价格可能会瞬间"腰斩"，这时你未必敢去抄底，你需要判断它的下一款新药有没有可能研制成功。如果不可能成功，那么你的钱就打了"水漂"。

所以，我们要去自己最擅长的领域里面寻找那些刚上市的小公司，看哪些公司最有可能有新研究、新突破。

而如果一家公司突然陷入困境，那么我们要分析它陷入困境的原因是什么，将来是可能重新站起来，还是从此一蹶不振。所以，购买这类股票就意味着高风险高回报，既有可能亏完，也有可能十年就赚到 50 倍以上。

6）隐蔽资产型

隐蔽资产型是指那些有隐蔽资产的企业股票。已经拥有很多土地的非地产公司，一旦土地价格上涨，这家公司的股票也会随之增值。

8. 风险排雷

将风险排雷放在后面，不是说它不重要，相反，它是投资者下注前最重要的一道保险。下面有五个常见的雷区，能帮助大家避开 90% 以上的"坑"。

1）不符合常识

公司的财务数据是公司经营的结果，它具有随机性和波动性。一旦有完美到不可思议的财务数据出现，一定要去验证真伪，一定要尊重自己的常识。

2）超乎平常的优秀

在大多数情况下，市场充分竞争，人员、资金和信息自由流动，一家公司很难取得远高于同行的效率，若有，多数是财务造假。

3）关联交易

关联交易是一个会计用语，在字面上不难理解，就是和自己人的交易。在很多时候，公司看上去利润很高，实际上却只是虚假交易，左手倒右手。

4）大存大贷

公司账上趴着很多存款，但同时公司又拼命地向银行贷款。在通常情况下，贷款需要支付利息，如果公司有很多现金，又在短期内找不到合适的投资机会，那么公司都会选择还掉一部分贷款。存款和贷款金额都很高，在很多时候就说明这存款并不是自己的，要么向别人借的，要么是伪造的，比如 2015 年，金亚科技虚增银行存款 2.18 亿元，会计师事务所未按要求规定执行货币资金函证程序，导致未发现金亚科技银行存款造假的事实；又如 2016 年，九好集团虚增定期银行存款 3 亿元，会计师事务所被当地证监局定性为"未执行有效银行存款函证程序"，导致未发现九好集团虚增 3 亿元银行定期存款的事实。

5）商誉过高

这里的商誉是一个会计概念，在公司收购时产生。举个例子，如果公司用 50 元，溢价收购了一个账面只有 20 元的东西，就会在账上产生 30 元的商誉。你可能会问：公司为什么要做亏本买卖？因为公司看好这块资产在未来能产生更高的现金流，对得起 50 元的价格。但如果公司发现这块资产最终没那么值钱呢？那么 30 元的商誉就要减值，从而降低公司的收益。有时候，商誉造成的亏损甚至会超过公司的资产。所以，一定要警惕商誉占净资产的比重超过 35% 的公司。

3.2.2　股票投资者的心态管理

该买的时候不买，该卖的时候又再等等。

一亏钱就怀疑人生，动摇持股信念；一赚钱就想着闷头加仓干。

大家有没有经历过上面几种情况？那么知道应该如何合理控制自己的炒股心态吗？下面笔者将介绍几种控制心态的方法。

1. 不能因为市场的涨跌而影响自己的情绪

市场永远是对的，而投资者不是。比如市场一涨，有人就得意忘形；市场一跌，有人就特别沮丧。千万不要这样。如果大家接触了金融市场，并且配置了金融产品，就要明白市场的涨跌是非常正常的，这时大家要理智地分析股票的走势。另外，作为一位刚入市的普通投资者，建议大家用一些闲钱来炒股，不靠它为生，储蓄多就适当多投点，储蓄少就适当少投点，这样，即便因为刚入市就出现了一定的亏损，也不至于影响自己的生活，你的心态也会缓和很多，更容易冷静下来分析自己亏损的原因。

2. 不能把希望寄托在别人身上

有不少投资者，尤其是自己被套之后心态就乱了，这时他们往往希望得到一个"股神"的指点，直接告诉自己是该买还是该卖。我觉得大家在这个时候常常会操作不好，因为这时大家更应该仔细想一想自己购买这只股票的原因是什么，是基于基本面看好它，还是它的技术走势比较好等。遇到这种情况，进行冷静分析自救是最好的处理方法。所以，大家一定要建立一套自己的交易体系。

3. 不能一次性买入很多股票

股市里经常会有人说，"做投资不能把钱放在同一个篮子里"。这句话本身并没有错，它是指一种分散风险的策略。但对于多数普通投资者来说，一次性买入很多股票，真的能好好管理吗？真的能做到对每只股票都很了解吗？配置的篮子，风格真的均衡吗？把钱分到不同的篮子里去配置，这是许多职业投资者应该做的事情，因为他们的专业、时间、精力、资金量都更具优势。

作为一位普通投资者，尤其是初入市场的投资者，不要一次性买入太多股票，在挑选一两只优质股票并买入后，要耐心持有，而不要追涨杀跌，多学习相关专业知识，在自己的资金和能力都有更大的提升后，再考虑去做一些分散配置。

4. 不能有攀比心理

原本自己已经制订了一套交易计划，到指定点打算撤出，但听说同事或亲戚朋友的盈利比自己的盈利多，这时再进入股市，情绪占了主导，往往就会输多赢少了。

3.3　固定收益配置

本节的固定收益配置主要介绍适合普通家庭配置的固定收益产品。

1. 国债

国债是信用风险最低的固定收益投资，借款人违约的概率无限趋近于零，我们一般称为信用免疫。在家庭理财中，国债的主要参与方式是储蓄式国债，按年付息，分档计息。

参与国债要注意两件事：一是不好买，因为每期发行的五年期国债额度也就 200 亿～ 300 亿元，在目前的投资环境和利率不断下行的预期背景下，每次都会迎来抢购热潮；二是国债虽然可以锁定一个五年利息，但是无风险利率不断下行是趋势，五年以后无风险利率将会大大降低。所以，国债并不能锁定长期信用免疫级别的固定收益。

2. 存款

作为信用等级仅低于国债的银行存款也是固定收益配置的一个选择。2023年以来银行的利率是一降再降，连存量、住房、贷款利率都全国性地下调了。各家银行也在此基础上制定了自己的存款利率，并以三年期大额存单作为主要存款类产品。存款要注意的事项有：一是银行有倒闭的可能，不要被一些银行的较高存款利息所诱惑，我国的存款保险制度规定 50 万元人民币以下的存款直接由存款保险支付，但只保本金而不保利息，所以，大家不要用 50 万元标准来做红线，而且将存款分开存在多家银行里的成本可能较高；二是对于大型银行也要保持高度警惕，不断关注其各种经营和财务指标，做到在分散风险的同时防患于未然。

3. 银行理财

银行理财作为一种资产承载形式，不仅规模和数量庞大，而且是很多家庭资产配置的必选项之一。

银行理财按照大类分为非净值型和净值型，目前存量比大概是 1 : 2。净值型又分为四个大类：即纯债（含现金管理类）、混合偏债、混合偏股和混合结构。这里只针对非净值型和净值型中的纯债类，因为其他三类因为已经是一个资产组合了，偏离了债权类固定收益的基础借贷性质，换言之，无法评估收益是这个组合里面的谁创造的，也就无法评估债权部分带来的绩效。

4. 直接在交易所里购买债券

银行间债券市场，个人无法参与；交易所市场，个人可以参与。但是，个人的信息来源和判断能力严重不足，而且很难达到高度分散的配置要求。除非自建债券投资团队（性价比低），否则不建议采用这种方式。

5. 公募及私募的纯债基金

公募及私募的纯债基金是目前最受推崇的固定收益（债券）投资方式。推崇的核心点有两个：一是财务审计、绩效表现、关联关系、持仓浓度、管理人背景等信息全部透明，既可以有效评估绩效，也没有未知的重大风险，而且目前它们都引入了"侧袋机制"；二是可以较大程度地规避信用风险集中。

3.3.1 债 券 类

债券是政府、企业、银行等债务人为筹集资金，按照法定程序发行并向债权人承诺于指定日期还本付息的有价证券。

债券是一种金融契约，是政府、金融机构、工商企业等直接向社会借债筹借资金时向投资者发行，同时承诺按一定利率支付利息并按约定条件偿还本金的债权债务凭证。它的本质是债的证明书，具有法律效力。债券购买者或投资者与发行者之间是一种债权债务关系，债券发行人即债务人，投资者（债券购买者）即债权人。

同时，债券是一种有价证券。由于债券的利息通常是事先确定的，所以，债券是固定利息证券（定息证券）的一种。在金融市场发达的国家和地区，债券可以上市流通。

债券通常包括以下三层含义。

- 债券的发行人（政府、金融机构、工商企业等）是资金的借入者。
- 购买债券的投资者是资金的借出者。
- 发行人（借入者）需要在一定时期内还本付息。

尽管债券的种类多种多样，但是在内容上都包含一些基本要素。这些要素是指发行的债券上必须载明的基本内容，这是明确债权人和债务人权利与义务的主要约定，具体包括如下内容。

1.债券面值

债券面值是指债券的票面价值，是发行人对债券持有人在债券到期后应偿还的本金数额，也是企业向债券持有人按期支付利息的计算依据。债券面值与债券实际发行价格并不一定是一致的，发行价格大于面值称为溢价发行，发行价格小于面值称为折价发行，发行价格等于面值称为平价发行。

2.偿还期

债券的偿还期是指企业债券上载明的偿还债券本金的期限，即债券发行日至到期日之间的时间间隔。企业要结合自身的资金周转状况及外部资本市场的各种影响因素来确定企业债券的偿还期。

3.付息期

债券的付息期是指企业发行债券后的利息支付时间。既可以到期一次性支付，也可以三个月、半年、一年支付一次。在考虑货币时间价值和通货膨胀因素的情况下，付息期对债券投资者的实际收益有很大影响。到期一次付息的债券，其利息通常是按单利计算的；而年内分期付息的债券，其利息是按复利计算的。

4. 票面利率

票面利率是指债券利息与债券面值的比率，是发行人承诺以后一定时期支付给债券持有人报酬的计算标准。债券票面利率的确定主要受到银行利率、发行者的资信状况、偿还期限、利息计算方法及当时资金市场上资金供求情况等因素的影响。

5. 发行人名称

发行人名称指明债券的债务主体，为债权人到期追回本金和利息提供依据。

上述五点是债券票面的基本要素，但在发行时并不一定全部在票面上印制显示。在很多情况下，债券发行者以公告或条例形式向社会公布债券的期限和利率。

债券的优点如下：

• 资本成本低。债券的利息可以税前列支，具有抵税作用；债券投资人比股票投资人的投资风险低，因此其要求的报酬率也较低。故公司债券的资本成本要低于普通股票的资本成本。

• 具有财务杠杆作用，债券的利息是固定的费用。债券持有人除获取利息外，不能参与公司净利润的分配，因而它具有财务杠杆作用，在息税前利润增加的情况下会使股东的收益以更快的速度增加。

• 所筹集资金属于长期资金。发行债券所筹集的资金一般属于长期资金，可供企业在一年以上的时间内使用，为企业安排投资项目提供了有力的资金支持。

• 债券筹资的范围广、金额大，债券筹资的对象十分广泛。既可以向各类银行或非银行金融机构筹资，也可以向其他法人单位、个人筹资，因此债券的筹资比较容易，并且可以筹集较大金额的资金。

债券的缺点如下：

• 财务风险大。债券有固定的到期日和固定的利息支出，当企业资金周转出现困难时，容易使企业陷入财务困境，甚至破产清算。因此，筹资企业在发行债券来筹资时，必须考虑利用债券筹资方式所筹集资金进行投资项目未来收益的稳定性和增长性的问题。

- 限制性条款多，资金使用缺乏灵活性。因为债权人没有参与企业管理的权利，所以，为了保障债权人债权的安全，通常会在债券合同中加入各种限制性条款，这些限制性条款会影响企业资金使用的灵活性。

3.3.2　货币市场工具

货币市场工具一般指短期内（一年）具有高流动性的低风险证券，具体包括银行回购协议、定期存款、商业票据、短期国债、中央银行票据等。货币市场工具具有以下特点：

- 均是债务契约。
- 期限在一年内（含一年）。
- 高流动性。
- 大宗交易，主要由机构投资者参与。
- 本金安全性高。

国内货币市场工具主要包括银行间短期资金一年以内（含一年）的银行定期存款和大额存单、剩余期限在 397 天以内（含 397 天）的债券、期限在一年以内（含一年）的债券回购和期限在一年以内（含一年）的中央银行票据。

中国证监会、中国人民银行认可的其他具有良好流动性的金融工具包括如下几种。

- 银行定期存款。银行定期存款是指存款人将现金存入在银行机构开设的定期储蓄账户内，事先约定以固定期限为储蓄时间，以高于活期存款的利息获得回报，期满后可领取本金和利息的一种储蓄形式。
- 短期回购协议。回购协议又称再回购协议，指的是商业银行在出售证券等金融资产时签订协议，约定在一定期限后按原定价格或约定价格购回所卖证券，以获得即时可用资金，当协议期满时，再以即时可用资金进行相反交易。回购协议从即时资金供给者的角度来看又被称为"反回购协议"。
- 中央银行票据。中央银行票据是中央银行为调节商业银行超额准备金而向商业银行发行的短期债务凭证，其实质是中央银行债券，之所以叫"中央银行票据"是为了突出其短期性特点（从已发行的中央银行票据来看，期限最短为三个月，最长只有三年）。

- 短期政府债券。短期政府债券是一国政府部门为满足短期资金需求而发行的一种期限在一年以内的债务凭证。当政府遇到资金困难时，可通过发行政府债券来筹集社会闲散资金，以弥补资金的缺口。

- 短期融资债券。短期融资债券是指企业在银行间债券市场发行（由国内各金融机构购买，不向社会发行）和交易并约定在一年期限内还本付息的有价证券。

- 中期票据。中期票据是指具有法人资格的非金融企业在银行间债券市场按照计划分期发行的，约定在一定期限还本付息的债务融资工具。公司发行中期票据，通常会通过承办经理安排一种灵活的发行机制，以 CAPM 模型为代表的传统 Beta 到另类投资品种（如大宗商品、房地产及价值因子和小市值因子）的系统性暴露所产生的 Beta。这样更能契合公司的融资需求。

中国证监会、中国人民银行认可的其他具有良好流动性的货币市场工具还包括同业拆借、银行承兑汇票、商业票据、大额可转让定期存单和同业存单等。

3.4　另类投资配置

另类投资指不同于传统的股票、债券投资的品种。对于另类投资难以给出明确的定义，其包括的资产也在发展变化之中。在这里将房地产、大宗商品、私募股权和对冲基金归属于另类投资的范畴。其中，房地产有时也被看作传统资产类别，对冲基金并不能算作一种资产类别。而艺术品、林业、波动性、杠杆贷款、保险挂钩的证券等算作新兴的另类投资工具。

自从 2000 年互联网泡沫破裂之后，另类投资发展迅速。2000—2002 年，传统资产类别，特别是股票的表现不振，预期收益下降。在这一背景下，对冲基金在低迷的市场环境中为投资者带来了绝对回报，其收益接近权益类资产的收益，风险又类似于固定收益资产的风险，因此，对冲基金在投资组合中的吸引力迅速上升。随着机构投资者参与热情的高涨，另类投资的管理规模与日俱增。

同时，高净值客户也加入另类投资的行列中，使另类投资工具的知名度进一步提升。

2008 年全球次贷危机爆发，另类投资工具也无法独善其身。在激进的策略、杠杆操作、信贷收缩、安全资产转移、流动性缺失等多重因素的影响下，许多另类投资组合出现大幅亏损。近年来，另类投资的管理规模有所回升。追求流动性高、价格低廉、有限度地参与另类投资成为趋势。

通常另类投资工具与股票、债券等传统资产类别的相关性比较低，因为另类投资的收益来源和风险特征不同于传统资产。

大家可以把另类投资看作主动策略，因为它们通过主动管理来获取阿尔法收益和贝塔收益。以投资收益来源进行分类，假设一端是纯阿尔法收益，另一端是纯贝塔收益，另类投资的收益介于两端之间。

部分另类投资工具的流动性不佳。流动性的欠缺一方面增加了进入和退出的资金成本和时间成本，另一方面资产溢价更高，所以，流动性是一把双刃剑。同时，由于另类投资工具的流动性不佳，因而持有时间往往比较长。

由于参与另类投资的成本较高，因此，在参与之前，大家有必要进行成本收益分析。只有投资期限足够长，或者预期收益足够高，参与另类投资才有意义。另外，相比于传统投资资产，另类投资资产的资金门槛比较高。

另类投资的当前价格往往难以评估，因为大部分资产并不在交易所里上市交易，且缺乏连续性的报价，其价格往往采用估值技术计算。比如，房屋的价格通过历史成交价格、附近地区相似房源的交易价格及房产中介提供的参考价格来确定。这种不连续的估值价格人为低估了真实价格波动（因为估值技术产生的价格曲线是平滑的），从而低估了投资房地产的风险。

相比于传统资产类别，另类投资还有不够透明的特点。例如，房地产和私募股权的公开信息少，获取途径远不如公开上市交易股票的获取途径多。另外，对冲基金的基金经理为了维持竞争优势，不愿意对外披露组合头寸。另类投资本身比传统资产类别复杂，其长期业绩还有待时间检验。

3.4.1 外　汇

普通家庭配置外汇资产是比较少的，外汇对普通家庭的资产配置影响不是特别大。

人民币升值有利于出国留学，有利于购买海外的化妆品、奢侈品等。例如，期初美元兑人民币的汇率为 1 ∶ 7，也就是 1 美元可以兑换 7 元人民币，如果出国留学总花费是 20 万美元，那么需要准备 20×7=140（万元人民币）；而如果人民币升值了，期初美元兑人民币的汇率为 1 ∶ 6.5，那么现在出国留学只需准备 20×6.5=130（万元人民币），足足节省了 140−130=10（万元人民币）。所以，有留学需求和海外购物需求的家庭需要经常关注汇率的变化。

外汇理财小窍门：

● 货币政策在很大程度上决定了汇率走势。2022 年美元有降息预期，卢布不断加息。美国与俄罗斯的货币政策背道而驰，短期导致卢布走强、美元走贬。

● 高息货币与低息货币。外汇市场上最常见的交易是套利交易，即持有高息货币，赚取高息，理财同理，因此，大家选择持有高息货币，舍弃低息货币。同时，大家要特别注意个别高息货币面临的汇率风险，即便高息，收益仍有可能无法补偿汇率下跌的风险，因而要回避。

● 骗局。大家要特别注意外汇和外汇期货类型的跨境金融骗局。

3.4.2 　 知识产权

知识产权是基于创造成果和工商标记依法产生的权利的统称。三种主要的知识产权分别是著作权、专利权和商标权，其中专利权和商标权也被统称为工业产权。为什么知识产权会和家庭资产配置产生联系？实际上，如果一个家庭拥有的知识产权越多，越有利于基业长青。知识产权具体包括以下内容：

● 作品，比如书籍、电视剧、电影、音乐作品的版权。

● 发明、实用新型、外观设计。

● 商标。

● 地理标志。

● 商业秘密。

● 集成电路布图设计。

● 植物新品种。

● 法律规定的其他客体。

举例说明：在正常的商品交易市场上，货钱交易是一对一的。例如，小王是菜市场上卖肉的商家，客户去菜市场花 15 元买了一斤肉，那么，在卖出一斤肉之后，小王还要继续卖肉才能有新增加的收入。然而，在知识产权交易市场上，货钱交易是一对 N，还是小王，这时他不是卖肉的商家了，而是一位歌手，他把音乐版权卖给某音乐平台，平台给他的收入分成两部分，一部分是每首歌卖 15 元，另一部分是歌迷在平台上购买每首歌 VIP 付费时，小王还可以提成 30%。只要有新粉丝听同一首歌，这首歌就会多次给小王带来收入。如果有 10 000 人购买这首歌，每首 5 元，那么，小王的收入是 15+10 000×5×30% =15 015（元）。

这个例子同样适用于其他版权作品。所以，有条件的家庭成员要最大限度地增加知识产权的持有量，因为家庭成员不仅可以打造个人 IP，而且可以为家庭带来源源不断的现金流。

3.4.3 黄　　金

古语有云：盛世买古董，乱世买黄金。在全球环境多方不确定性因素加强和全球金融风险加剧的背景下，黄金的投资价值愈加凸显。虽然短期黄金价格处于波动状态，但是对于长期配置而言，绝对有黄金的一席之地。

一直以来，随着经济周期的轮回，投资黄金对于获得长期收益的效果是很明显的。作为一种优质的投资和消费商品，黄金的平均回报率与股票的平均回报率旗鼓相当，高于债券和大宗商品的平均回报率。

自 2020 年以来，各国基本都采取了宽松的货币政策，通货膨胀率节节攀升。随着经济的发展和货币的超发，高通货膨胀率导致人们手中货币的购买力不断下降，而黄金的价格却水涨船高。虽然金价短期处于震荡状态，但从长期来看，金价处于上升趋势。由国际环境的复杂性及黄金长期的表现可见，配置黄金资产用于对冲风险进而获取长期收益或许是一种不错的选择。

在家庭资产或常用资产中为什么要配置黄金？

1. 与股市波动形成对冲

受全球不稳定因素的影响，2022 年一季度的全球资本市场是自 2020 年 3 月以来最糟糕的短期表现，但黄金市场在 2022 年一季度一度上涨至 2 100 美元 / 盎司左右，相对于开盘价格，一季度最高涨幅超过 13%。

黄金与大部分资产的相关性低，并且与股票及其他风险资产具有负相关性，会随着这些资产的抛售而增加。这对于非金融专业的读者而言在理解上可能有一定的难度，可将其简单地翻译为股票跌得厉害，黄金近乎稳步上涨。虽然股票、债券、基金的涨跌并不能够决定金价的走势，但是不可否认它们之间存在一定的对冲效果，如果在家庭资产中配置一定的黄金，那么黄金价格的上涨能够抵消其他投资产品价格下跌的风险，进而提高资产配置组合的综合收益率。

2. 长期收益稳定

根据私人银行研究数据，全球投资需求从 2001 年开始平均每年增长率约为 15%，然而这期间黄金的价格却上涨了将近 5 倍。利率的持续走低使配置黄金的机会成本降低，黄金作为真正的长期回报来源就是一种优势。投资黄金的方式多种多样，对于家庭资产配置的品种选择，除了可以购买实物黄金，还可以配置金条、金币及黄金 ETF。

3.4.4　艺术品

艺术品具有两大属性，即投资属性和消费属性，这里只讲投资属性。

艺术品像黄金一样具有投资属性，因为历史珍宝不仅无法复制、无法再造，而且不分国界。这种珍稀性能使艺术品不断增值，这就是其经济价值之所在。

文化产业的最高产业形态为金融化，这是文化产业未来的发展趋势。把艺术品当作一种新的金融工具、一种新的资本、一种新的生产要素来参与市场的生产与流通过程，使艺术品这类金融资产得到最佳的资源配置，这不仅可以发挥艺术品的文化功能、历史功能，而且可以发挥艺术品的金融功能与资本功能。

当然，购买艺术品一定要选择正规渠道，而且要学会鉴别真伪，以达到真正的收藏和资产配置价值。

3.4.5　私募股权

私募股权简称 PE，该基金以非公开方式向特定投资者募集资金，投资于非上市公司股权，通过首次公开募股、转售、并购等方式退出。私募股权基金与其他类资产的区别在于收益相对较高，但流动性偏低，风险也相应较大。

私募股权市场门槛较高，国内在 100 万元人民币以上，信息相对不公开，并不是一个完全开放的市场。在国外市场上，PE 的投资者以机构投资者为主，比如捐赠基金、家族办公室等，个人投资者一般很难有机会投资于优质的 PE。对于这些机构投资者，PE 是一种很重要的资产配置类别。美国的很多养老金投资机构一般会把 PE 的配置比例设定在 10%～20%，在追求收益的同时确保整体的流动性和风险敞口。但也有一些长期的投资者，如捐赠基金、家族办公室等，会把 PE 的配置比例提升至 40%～50%，以追求更高收益，同时通过自身专业的投资判断筛选出优质的基金管理人来控制风险。

投资者在考虑配置 PE 资产前，首先要知晓基金的投资策略、范围及条款等，要穿透基金的底层资产；其次要知晓基金的特点和风险点；最后根据自身的资金特性（资金量、时效、风险承受能力）进行配置。如捐赠基金、家族办公室的资金没有短期大额付现的压力，因此，可以配置较多比例在流动性弱的 PE 资产上；但普通家庭配置资产一般对于资金的流动性要求比较高，则不宜配置过高的比例在 PE 资产上。在确定配置 PE 资产之后，如何挑选优质的基金管理人显得尤为重要。通常，我们在对比基金业绩（内部收益率、回报倍数、分配比例等）时，会将发行年份相同的基金进行比较。

按照投资企业策略的不同，私募股权基金一般可以分为并购基金、成长基金和创投基金。

由于国内私募股权市场起步较晚，相关法律法规不太完善，职业管理人意识不足，市场上大部分基金水平参差不齐，甚至还有不少不合规的机构存在。近年来，随着市场的变化，国家陆续从政策层面开始引导私募股权规范化和正规化，给予私募股权生存、成长的健康土壤。

那么，我们如何配置私募股权基金呢？

1. 选择正规的私募机构

选择正规的私募机构是基础。有些机构会打着私募的幌子进行非法集资，如果大家不查清这些机构的背景，则很可能会落入不法分子的圈套。查询方法为在权威网站上查询该机构是否有备案，比如中国证券投资基金业协会。如果查不到，那么爆雷风险就会很大。

2. 回顾历史业绩

近期业绩不是评价一家私募机构好坏的重要指标，建议大家看最近五年、十年的业绩，因为只有经历过牛市和熊市，才能看清基金的盈利能力。如果基金经历过多次牛、熊市转换，依然能保持较高的收益率，则说明基金管理人在盈利和风控上都做得不错。同时要与同类基金进行横向和纵向比较。

3. 看风险控制水平

基金的风险控制能力是影响基金收益的重要因素之一，要想控制收益回撤，必须做好风险控制。对于这一点，那些买过股票的人比较有经验，在跌停和涨停之间来回翻滚，投资者的心脏是受不了的。有些基金涨起来猛，跌起来也很令人无奈，持有这种基金的回撤越大风险也越大，回撤越小则风险相对越小。回撤的次数越少越好，回撤控制得好，在某种程度上也能说明该私募的投资团队能力强。

4. 看基金经理

私募比公募更看重基金经理的能力，毕竟基金经理是整个产品的核心与灵魂。对于基金经理的选择，要着重参考两点，即工作经历和教育经历。比如，名校高才生是加分项，并且附带不错的业绩加持，类似长期年化收益率在 20％ 以上。在大平台公募基金或知名投行里做投资总监就算比较优秀的基金经理。

3.5　衍生工具配置

金融衍生品是一种基于基础金融工具的金融合约，其价值取决于一种或多种基础资产或指数。合约的基本种类包括远期合约、期货、掉期（互换）和期权，还包括具有远期、期货、掉期（互换）和期权中一种或多种特征的混合金融工具。

另外，金融衍生品是与金融相关的派生物，通常是指从原生资产派生出来的金融工具。其共同特征是保证金交易，即投资者只要支付一定比例的保证金就可以进行全额交易，不需要实际上的本金转移。合约的了结一般采用现金差价结算的方式进行，只有在满期日以实物交割方式履约的合约才需要买方交足货款。因此，金融衍生品交易具有杠杆效应，保证金越低，杠杆效应越大，风险也就越大。

总之，对金融衍生品较为熟悉的个人比较少，所以我们在资产配置计划中可将其作为另类投资的衍生品，配置率不能太高。有一些经典的（9债1权）策略适合个人投资者去操作。但大部分策略还是比较复杂的，不太适合个人直接操作，所以，这里不做详细介绍。

3.6 海外资产配置

提起海外资产配置，大家可能会有如下一连串问题：

• 普通家庭是否需要做海外资产配置？

• 海外资产配置有哪些产品可以选择？

• 有哪些税务风险？

• 家庭或个人如何做海外资产配置？

• 如何在全球金融市场范围内配置不同的资产（股票、房产、保险、基金等），以保证自己获得不错的收益？

近年来，国内投资者对全球资产配置的需求呈爆发性增长。招商银行2021年中国私人财富报告显示，国内高净值客户的可投资资产规模节节攀升，具体内容如图3-18所示。

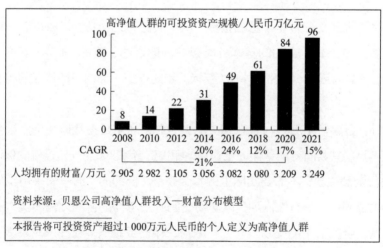

图 3-18 高净值人群的可投资资产规模

很多民营企业通过对外投资完成了部分财富积累，晋升为高净值客户，所以，不少高净值客户对海外投资有了一定的认识。尤其是国内的中概股在美股上市，股权激励计划在阿里巴巴、腾讯、小米等公司实施，带动了很多头部公司的员工进一步接触到海外资产配置这个概念。如今国内想要出国留学的人越来越多，他们也接触到海外投资，进而开始考虑进行海外资产配置。

笔者在 50 位高净值客户中进行了调研，发现高净值客户进行海外资产配置的动因主要有三个：即分散资产、规避相关风险和财富传承。

那么，海外资产配置的类别和途径有哪些呢？

海外资产是指以外币计价的各类资产，如房产、债券、保险、信托、公募基金、私募基金等实物或金融资产，在发达国家和地区多以美元计价，有时也会以欧元、英镑、日元等外币计价。

目前，投资者进行海外资产配置的几大常见途径如下：

- **海外购房。**投资优质国家的房产，在部分国家购房还能获得国际身份。
- **保险。**兼顾美元资产、子女海外教育、养老规划等。
- **开通沪港通或深港通。**参与海外市场。

就投资方式而言，固定收益和地产项目成为国内高净值客户最为偏好的投资领域，其次是保险和基金。财富管理机构在产品选择和资产配置方面更具专业性。随着对境外投资风险的认识不断加深，不少有海外资产配置需求的家庭从自己直接进行投资转向寻求专业的服务机构来进行系统的资产配置。

第 4 章

资产配置策略

当大家对市场形成了一定的预期，清楚了家庭资产配置的投资目标和投资的相关约束之后，就会形成资产配置策略。资产配置策略的确定非常重要，因为这意味着在某种程度上形成了固有的配置风格，并且决定了该配置组合的收益率。本章的具体内容如下：

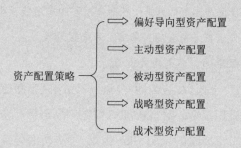

策略的制定和执行要建立在系统的分析框架上，表 4-1 列出了资产配置主要考虑的因素。

表 4-1　资产配置主要考虑的因素

因　素	内　容
影响投资者风险承受能力和收益要求的各项因素	（1）包括投资者的年龄、投资周期、资产负债情况、财务变动情况与趋势、财富净值和风险偏好等 （2）个人投资者的生命周期是影响资产配置的最重要因素 （3）机构投资者着重机构本身的资产负债情况及股东、投资者的特殊需要
影响各类资产的风险、收益状况及相关关系的资本市场环境因素	（1）包括国际经济形势、国内经济状况与发展动向、通货膨胀、利率变化、经济周期波动和监管等 （2）通常只有专业投资者和机构投资者会受到监管的约束
资产的流动性特征与投资者的流动性要求相匹配的问题	（1）资产的流动性是指资产以公允价格出手的难易程度，体现投资资产的时间尺度和价格尺度之间的关系 （2）现金和货币市场工具如国库券、商业票据等是流动性较强的资产，办公楼和房地产则是流动性较弱的资产 （3）投资者必须根据自己在短时间内处理资产的可能性，建立投资中流动性资产的最低标准
投资期限	投资者在不同到期日的资产（如债券等）之间进行选择时，需要考虑投资期限的时间安排问题
税收考虑	（1）任何一种投资策略的业绩都是用税后利润来评价的 （2）对面临高税率的个人投资者和机构投资者而言，他们更重视在整个资产配置中合理地选择投资产品

4.1　偏好导向型资产配置

所谓偏好导向型资产配置，顾名思义，是指根据投资者的个人偏好来决定资产配置策略。其操作方法较为简单，大家只需做好以下三点，并且严格按照策略来执行即可。

一是合理确定投资组合的比例。按照传统的大类资产配置框架进行资产配置，即合理确定资金在股票、债券、基金、大宗商品和房地产之间的配置比例。保守型投资者可以多配置债券、基金等低风险的资产，激进型投资者可以多配置股票等高风险的资产。切忌全投自己钟爱的资产类型。常见的配置比例有二八（20%股票+80%债券）、四六（40%股票+60%债券）。

但要注意，投资不是一劳永逸的，而要适时适度地进行配置比例的再调整。假如确定了四六配比，手上的债券一跌，原先的60%就缩水了，这时就需要靠补仓来维持比例的平衡。这种调整方法在一定程度上强迫投资者高抛低吸，在下行期会导致越投越多，大家要注意仓位和资金总量控制。所以，资产配置的核心是比例分配+再平衡。但在"再平衡"时，这种固定的配置比例也有一定的缺点，因为债券的占比直线拉低了股市利好时的收益，而股市的持仓又因为比例的控制很难把握住短期轮动的机会。具体的再平衡知识将在第9章中详细讲解。

二是合理使用杠杆。低风险的杠杆比例不超过1.2倍，中、高风险的杠杆比例不超过2倍，即将风险把握在可控范围之内。比如，小张有10万元本金，借了40万元资金，杠杆比例是5倍，共计50万元资金，全部投入股市。如果跌幅超过20%，那么小张的10万元本金将全部亏损。杠杆的使用会在一定程度上放大收益，与此同时，在风险来临时，也会放大亏损。

三是确定止盈止损策略，并且严格按照策略执行。比如，设定盈利25%就止盈50%，盈利40%再止盈20%，盈利超过50%可以全部出售止盈，不贪不亏，知足常乐；设定亏损15%就止损20%，亏损30%再止损30%，当回撤达到50%时，如果产品和基本面没有问题，则建议大家一般不用止损，而是成倍买入，抢低价筹码。

4.2 主动型资产配置

主动型资产配置是指有意识地预判未来的行情，并且选择有前景的标的来进行投资。比如，通过分析2021年和2022年的不确定因素对全球经济的影响，得出结论，即做多原油和农产品、做空股指、买入医药股（中国医药、以岭药业、新华制药），大家可以设计一种收益不错的资产配置方案。

如图 4-1 所示，在二级市场上新华制药的走势非常强劲，当然还可以买原油期货和卖股指。但是这种方案对于不具备基本功的投资者来说很可能发生亏损，毕竟杠杆的操作要求比较高。那么，大家可以退而求其次，选择不带杠杆的，比如原油基金和农产品基金，或相关性极高的股票，比如，中国石油、中国海油等，做短期波段。再保守一些的投资者可以选择一些期权产品，成本比例会更低。

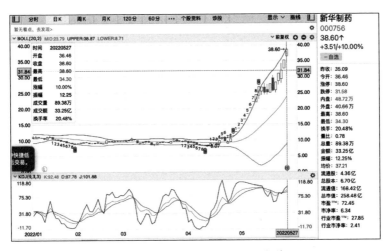

图 4-1　上市公司新华制药股票走势图

主动型资产配置对投资者的专业度要求比较高。根据社会或企业的基本面准确预测投资机会和选择投资产品，并且在操作上做到优秀是很不容易的，但是，一旦踩准风口，做好配置，那么，收益结果一定是让人出乎意料且满意的。

4.3　被动型资产配置

所谓被动型资产配置，大家可以简单地理解为当前市场上什么好就配置什么。这种配置策略虽然稍显盲目和随大流，但是简单的配置往往会获得不错的收益。

随着被动资产配置的兴起，被动型资产配置 5-3-2 分配是最简单的配置方案。如果投资者没有什么个人喜好或单一行业的辨识能力，那么把 50% 股票的份额分配到指数基金里就可以了，比如沪深300、中证500或一些行业指数，剩下的50%债券的份额，大家可以买入30%的利率债基金和20%的信用债基金，示意如图4-2所示。

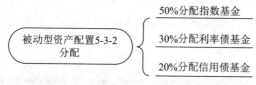

图 4-2 被动型资产配置 5-3-2 分配

每年要动态平衡一到两次。这里的动态平衡是指将波动后的不平衡比例进行复原。虽然是被动的，但被动不是不动，反而因为动了才能间接地进行低买高卖。别看这种投资方式有点儿"傻"，并且难度不大，但它可以战胜很多专业投资机构。所以，投资不需要很高的智商，而需要智慧和坚持。

4.4 战略型资产配置

战略型资产配置听起来比较抽象，简单地说它有三个显著的特点：第一，它是长期的目标和策略；第二，是它是一种考虑风险的、事前的、整体性的、能满足投资者需求的规划和安排；第三，是它是长期最佳的资产配置组合。

战略型资产配置策略主要有以下三种：

1. 买入持有策略

买入持有策略是典型的被动型投资策略，买入之后长期持有，不管中间资产会如何波动，它都不会根据市场波动刻意地、频繁地进行再平衡。

2. 定期再平衡策略

相比于买入持有策略，定期再平衡策略会根据市场的变化来定期调整组合比例和组合产品，在较长的时间里会有多次再平衡操作。

3. 资产配置组合的保险策略

资产配置组合的保险策略强调的是投资者对最大风险损失的保障，在保证获得高收益的同时控制下跌的风险。比如你有 200 万元现金，而自己的市值底线是 160 万元，那么你有 40 万元的下跌空间，即安全边际。假设在整个组合中，风险较高的资产一年最大亏损是 50%，而风险较低资产的风险接近于 0（忽略），此时购买货币基金或纯债基金与货币基金（无风险利率由国债收益率决定，在 3% 上下波动）。那么，可以设将 X 万元投资于风险较高的资产，方程为 $50\% \times X - (200 - X) \times 3\% = 40$，方程解得 $X = 86.8$（万元）。也就是可以将 86.8 万元投资于风险较高的资产，将 113.2 万元投资于风险较低的资产。

大家做资产配置和做投资都不能盲目决定，而要让数据来做支撑，只有在进行数据测算的基础之上选择的策略才是科学、合理的资产配置策略。

4.4.1　资产配置目标

金融资产按期限可分为三大类：即短期资产、中期资产和长期资产，其中中、长期资产属于战略性资产。

中期资产的投资时间一般为 1 ～ 3 年，通常在家庭资产配置组合中占比最高，是资产保值、增值的主力，其目的是稳健获利。建议大家根据市场所处的经济周期及个人风险承受能力选择恰当的投资种类。就目前而言，债券型基金、量化对冲基金都是适当的选择。

长期资产的投资时间一般在 3 年以上，一般用于转移风险，维持家庭经济稳定。保险类产品是长期资产的典型代表，普通家庭在长期资产配置中首选社保和保险。

1.社保

社保是一种长期资产配置品种，由于它较为普通，所以常常被人忽略。以社保养老金为例，在职业生涯内缴纳社保，虽然资金占用周期达几十年，到退休后才能领取，但是社保养老金的领取周期与生命等长，可以为养老生活提供定时定额的现金流。可以说社保是长期资金的好去处。不过，社保资金缴纳有上限要求，无法满足所有人的资金配置需求。所以，在社保资金之外，还需要从其他金融产品中获取更多的收益。

2.保险

保险资金具有跨周期资产配置和长周期价值的防御优势，可作为家庭长期资金的"护城河"。这是由保险的法律架构和产品特性所决定的。

以增额终身寿险为例，它与社保类似，虽然资金占用周期长，但它可以帮助我们避开市场波动所带来的不利影响，稳健增值，是长期资金的好去处；同时其资金缴纳上限高，刚好可以作为社保的补充，它的优势如下：

● 锁定终身利率，资金安全，收益稳定。增额终身寿险锁定利率，不受外界的金融市场影响，投保后就能保持到终身，且是复利增值。现金价值每年不断增长，保单利益白纸黑字写进合同里，收益持续稳定，安全感十足。

● 产品灵活度高。增额终身寿险支持减保和保单贷款。其中，减保是指申请减少保额，取出部分现金价值，剩余的现金价值继续按合同约定复利增长。减保是增额终身寿险的主要功能，可以灵活规划资金。并且减保没有次数和时间限制，非常自由。如果大家不想减保，则可以通过"保单贷款"来解决资金周转问题。

● 用途广泛。由于增额终身寿险的现金价值比较高，因此，它的用途比较广泛。比如，可以规划自己的养老，等退休后不定期减保，持续从保单中领钱作为自己的养老金；又如，可以为孩子将来的生活做准备，将其用作教育金、创业金、婚嫁金等。

● 既可用于长期储蓄，也可用于财富传承。由于增额终身寿险的保额与现金价值会逐年递增，因此，相比于传统终身寿险，它的长期储蓄及理财功能更明显。另外，在投保增额终身寿险时，可以指定受益人，并约定受益份额。当被保人身故时，会按合同约定将理赔金一次性支付给受益人，在实现财富传承的同时避免了财产纠纷。

可能有人会问：为什么要拿出一部分资金投入灵活性不及权益类产品的增额终身寿险呢？大家不妨考虑这样两个问题：一是当市场震荡下行时，会对自己的心情有影响吗？二是经过这么多年投资，你有没有算过具体的收益率是多少？

其实，当市场行情上行时，大家都会加大资金投入；可当市场震荡下行时，大家又会后悔自己满仓。而增额终身寿险能以固定利率持续复利增长，可以给我们带来脚踏实地的安全感，即当市场行情上行时，它能帮助我们把盈利固定下来；当市场震荡下行时，它可以给我们留出资金，提供东山再起的底气和本钱。

总之，大家只有合理配置权益类产品和增额终身寿险，做到攻守兼备，才能够筑牢家庭财富的"护城河"。

4.4.2　投资目标和风险波动

投资一定会存在波动和风险。价值投资者对于波动与风险的认识是区分开来的，短期市场波动并不等同于风险，而真正的风险意味着永久性损失。

那么，大家应如何确定资产配置的投资目标？又该如何面对投资过程中的波动和风险呢？优质行业、优质企业、明星基金和债券等都是非常好的投资目标。在确定投资目标之前一定要做好调研，一旦确定就不要轻易更改。

那么，市场波动和风险之间有什么关联呢？

首先，市场波动并不等同于风险。

其次，市场波动往往难以预测。在资产配置过程中可能对于宏观经济、市场走势的预测偶尔会准确，但这并不会经常发生。我们永远不会准确预测到每一次市场的钟摆能摆多远、预测它回摆的时机，以及在极端情况下它会往反方向摆多远。

所以，大家一旦有确定的投资目标，就要认识到市场波动并不等同于风险，不应浪费时间预测短期市场走势，而应集中精力自下而上地精选优质资产配置标的。从长期来看，市场波动也未必是坏事，往往伴随着机会。我们在投资过程中要尽可能地把握市场波动产生的机会，同时做好风险管理，以追求收益的最大化。

4.5　战术型资产配置

战术型资产配置通常会采取一些基于对市场前景预测的短期主动型投资策略。短期主动型投资策略主要包括以下几种：

1. 交易型策略

交易型策略是指根据市场交易中经常出现的规律性现象，制定某种获利策略。代表性策略包括均值回归策略、动量策略和趋势策略。

其中，均值回归策略的理论基础是价格围绕价值上下波动，即假定证券价格或收益率走势存在一个正常值或均值，高于或低于此均值时会发生反向变动，投资者可以依据此规律进行低买高卖，从中获得超额收益。

动量策略也被称为"惯性策略"，其理论基础是"强者恒强"，即投资者买入所谓的"赢家组合"（历史走势优于大盘组合），试图获得惯性的高收益。

趋势策略的操作思路与动量策略的操作思路类似，不同之处在于趋势策略更加注重技术分析，而动量策略则侧重于量化分析。

2. 多空组合策略

多空组合策略也被称为"成对交易策略"，即投资者买入看好的资产或资产组合，卖出不看好的资产或资产组合，试图抵消市场风险而获取单个证券的阿尔法收益差额，但这里有一个前提，即资产或资产组合支持卖空。比如，当市场上涨时，看好的资产涨幅往往要大于看空的资产涨幅；而当市场下跌时，看空的资产跌幅往往要大于看多的资产跌幅——不管市场是上涨还是下跌，投资者都可以从中获利。但这种策略存在的问题也很明显，即哪些资产是所谓的好资产，哪些资产是所谓的差资产呢？

3. 事件驱动型策略

事件驱动型策略是指根据不同的特殊事件，比如公司结构变动、行业政策变动、特殊自然或社会事件等，制定相应的灵活投资策略。

4.5.1 短期配置目标

确定短期配置目标不仅需要考虑风险偏好、流动性需求和时间跨度要求，还需要注意实际的投资限制、操作规则和税收问题。比如，货币市场基金就常被投资者作为短期现金管理工具，因为其流动性好，且风险较低。

在进行短期资产配置时，大家要注意两点：一是在目前的金融市场范围内，短期配置目标的信息、盈利状况、规模，投资品种的特征及特殊的时间变动因素对配置目标的最终收益都有影响；二是随着投资领域从单一资产发展到资产组合、从国内市场发展到全球市场，其中既包括在国内与国际资产之间的配置，也包括对货币汇率波动风险的处理等多方面内容，单一资产配置方案往往难以满足短期资产配置的需求。

所以，从过往的配置结果来看，短期资产配置的目标在于以资产类别的历史表现与投资者的风险偏好为基础，决定不同资产类别在投资组合中所占的权重，从而降低投资风险，提高配置收益，同时保证资金的流动性，尽量将风险控制在可承受范围内。换言之，随着资产类别的组合方式日益多样化，在同等风险的情况下，不同区域的投资组合应该能够比严格意义上的国内投资组合带来更高的长期收益，尤其是在一些特殊时期。

然而，当资产配置因为受到对投资项目的限制而减少投资机会时，只能运用该限制范围内的狭义市场投资组合，其投资选择机会必然会受到限制，长期收益与风险状况也将会受到不利的影响。

4.5.2　灵活的仓位管理

仓位管理是指在投资者决定做多（做空）某个投资对象时，决定如何分批入场，又如何止损、止盈离场的技术。下面介绍三种典型的仓位管理方法。

1. 漏斗形仓位管理法

初始进场资金量比较小，仓位比较轻，如果行情按相反方向运行，则后市逐步加仓，进而摊薄成本，加仓比例越来越大。由于该管理方法的仓位控制呈下方小、上方大的形态，很像一个漏斗，所以，它被称为漏斗形仓位管理法。

优点：初始风险比较小，在不爆仓的情况下，漏斗越高，盈利越可观。

缺点：这种方法是建立在后市走势和判断一致的前提下，如果方向判断错误，或者方向的走势不能越过总成本位，则将会陷入无法获利而出局的局面。在一般情况下，此时仓位会比较重，可用资金比较少，资金周转会出现困境。在这种仓位管理方式下，越是反向波动，持仓量就越大，承担的风险就越高，当反向波动达到一定程度时，必然导致全仓持有，而此时价格只要向相反方向波动很小的幅度，就可能会导致爆仓。

2. 矩形仓位管理法

初始进场资金量占总资金量的比例固定，如果行情向相反方向发展，则后市逐步加仓，以降低成本。由于投资者加仓都会遵循事先约定的固定比例，所以，它的仓位控制形态就像一个矩形，所以被称为矩形仓位管理法。

优点：每次只增加固定比例的仓位，持仓成本逐步抬高，对风险进行平均分摊，实现了平均化管理。在持仓可以控制，后市方向和判断一致的情况下，投资者会获得丰厚的收益。

缺点：在初始阶段，持仓成本抬高较快，容易很快陷入被动局面，价格不能越过盈亏平衡点，处于被套局面。同漏斗形仓位管理法一样，越是反向波动，持仓量就越大，当反向波动达到一定程度时，必然导致全仓持有，而此时价格只要向相反方向波动很小的幅度，就可能会导致爆仓。

3. 金字塔形仓位管理法

初始进场资金量比较大，如果行情向相反方向运行，则后市不再加仓；如果方向一致，则后市逐步加仓，加仓比例越来越小。由于该管理方法的仓位控制呈下方大、上方小的形态，像一个金字塔，所以，它被称为金字塔形仓位管理法。

优点：按照报酬率进行仓位控制，胜率越高动用的仓位就越高；利用趋势的持续性来增加仓位；在趋势中会获得很高的收益，风险较低。

缺点：在震荡市中较难获得收益；初始仓位较重，对于第一次入场的资金要求比较高。

第5章

资产配置决策分析

资产怎么去配置，不是我们拍拍脑袋就能决定的事儿，更不是凭个人喜好或是听某位专家的只言片语就能拍板的活儿，毕竟，家庭资产不仅是财富的象征，也是家人能拥有幸福生活的保障，大家必须拥有一套成熟且科学的决策分析体系。

鉴于此，笔者在本章中将会从如下五个方面来讲解如何去构建一套资产配置决策分析体系。

一是对宏观环境进行分析，以便了解各种指标的变动是如何影响资产配置决策的。

二是分析经济周期的轮动对资产配置的影响和决策到底有什么影响，且在轮动的每一个环节中，我们应该如何应对及资产配置的类别该如何选择。

三是分析各种标的在市场中的表现，作为我们配置决策的参考之一，做到尊重市场和产品表现，形成对市场的认知。

四是关注投资顾问的专业度。

五是对产品过往各种指标的情况进行分析和比较。

5.1 宏观环境

资产配置始终秉持宏观→策略→行业→标的这样一条自上而下、定性与定量相结合的配置路径。而宏观大环境，尤其是政策层面对投资的成败影响十分重大。

5.1.1 投资宏观环境分析

宏观环境分析是资产配置分析的一个重要组成部分。比如，在对某些股票进行估值时，首先分析宏观经济对公司及证券市场的影响，其次分析在这种环境下具有较好、发展前景的行业，最后分析理想行业中的优秀公司。

实行宏观经济政策的最终目标有四个：即稳定物价、充分就业、促进经济增长和平衡国际收支。

在资产配置过程中主要关注通货膨胀和经济增长两个指标。近几年主要以3%作为目标通货膨胀率，同时保证6.5%左右的经济增长速度。当通货膨胀水平超过3%的目标时，央行通过执行紧缩的货币政策来抑制物价上涨；而当预期经济增长速度大幅低于6.5%的水平时，宏观经济管理部门将采取扩张的财政政策和货币政策来刺激经济增长。

分析宏观经济环境有两个维度，即长期和短期、供给和需求。

如果考虑配置股票，那么应如何分析宏观经济环境？未来的发展趋势决定了选什么行业、选哪只股票。从长期来看，医疗、新能源和消费三个行业都是优质赛道。其中，贵州茅台是高端白酒，宁德时代是锂电之王，在两者回归合适的价格后，我们都是可以购入的。至于消费这部分，当资金充裕时，购买力会更集中在可选消费上面，包括贵州茅台、汽车和家电等。从短期来看，市场上如果有关注度、有资金量，则表明参与者众多，只要有人、有资金的地方就有利润。

5.1.2　货币政策和流动性

实行货币政策的主要目的是通过调整利率来控制市场上的货币供应量，并最终刺激投资和消费需求，使经济健康发展并以此循环。货币政策不仅能直接调控利率和货币供应量，还能影响汇率，刺激投资，推动总供给和总需求。

常见的货币政策工具有如下几种：

- 短期资金数量：正、逆回购和 SLO（央行逆回购）净投放。
- 中期资金利率：SLF（常备借贷便利工具）净投放、MLF（中期借贷便利工具）净投放、国库现金定存招标和央行票据。
- 长期资金利率：准备金率和 PSL（抵押补充贷款工具）净投放。
- 流动性来源：银行信贷和外汇占款。

流动性去向分析通常有这样几种类型：即实体经济投资、回流储蓄、房地产市场、股票市场、债券市场及海外投资等。在进行大资产配置时，决定因素是各类资产的收益率，比如中长期贷款利率、企业现金流、生产物价指数、工业企业利润率、净资产收益率和债券收益率等。除此之外，还要比较风险和过去一段时间的波动率，最后找到新增流动性的配置主方向。

宏观环境是一个大环境，宏观环境的变化对资产配置的策略和收益影响巨大，因此必须予以重视。

5.1.3　PEST 分析法

PEST 分析法是一种经典的分析法，其中，P 代表政治，E 代表经济，S 代表社会，T 代表技术。在分析一家企业集团所处的背景时，通常通过这四个因素来分析企业集团所面临的状况。采用 PEST 分析法需要掌握大量的、充分的相关研究资料，并且对所分析的企业有着深刻的认识，否则此种分析很难进行下去。其中，政治方面主要有政府政策、国家的产业政策、相关法律及法规等内容；经济方面主要有经济发展水平、规模、增长率、政府收支、通货膨胀率等内容；社会方面主要有人口、价值观念、道德水平等内容；技术方面主要有高新技术、工艺技术和基础研究的突破性进展等内容。

下面分别进行详细介绍。

P即政治要素，是指对组织经营活动具有实际与潜在影响的政治力量和有关的法律、法规等因素。当政府对组织所经营业务的态度发生改变时，当政府发布了对企业经营具有约束力的法律、法规时，企业的经营战略必须随之做出调整。

法律环境主要包括政府制定的、对企业经营具有约束力的法律、法规，比如税法、环境保护法及外贸法规等，政治、法律环境实际上是和经济环境密不可分的一组因素。处于竞争中的企业必须仔细研究一个政府与商业有关的政策和思路，比如研究国家的税法、反垄断法及取消某些管制的趋势，同时了解与企业相关的一些国际贸易规则、知识产权法规、劳动保护和社会保障（国内和国外在劳动保护方面的差异）等，因为相关的法律和政策能够影响到各个行业的运作和利润。

E即经济要素，是指一个国家的经济制度、经济结构、产业布局、资源状况、经济发展水平及未来的经济走势等。构成经济环境的关键要素包括国内生产总值的变化发展趋势、利率水平、通货膨胀程度及趋势、失业率、居民可支配收入水平、汇率水平、能源供给成本、市场机制的完善程度、市场需求状况等。

由于企业是处于宏观大环境中的微观个体，经济环境决定和影响其自身战略的制定。同时，经济全球化带来了国家间经济上的相互依赖，企业在各种战略的决策过程中还需要关注、搜索、监测、预测和评估本国以外其他国家的经济状况。

S即社会要素，是指组织所在社会中成员的民族特征、文化传统、价值观念、教育水平及风俗习惯等因素。

构成社会环境的要素包括人口规模、年龄结构、消费结构和水平、人口流动性等。其中，人口规模直接影响着一个国家或地区的市场容量，年龄结构则决定了消费品的种类及推广方式。

自然环境是指企业业务涉及地区市场的地理、气候、资源、生态等环境。不同的地区企业由于其所处自然环境的不同，对于行业发展会有一定程度的影响。

T即技术要素。技术要素不仅仅包括那些引起重大变化的发明，还包括与企业生产有关的新技术、新工艺、新材料的出现和发展趋势及应用前景，如移动互联网二维码技术对支付行业的影响、新能源电池技术和无人驾驶技术对出行行业的影响等。

5.2　经济周期

经济周期也被称为商业周期、景气循环，一般是指经济活动沿着经济发展的总体趋势所经历的有规律的扩张和收缩。它既是国民总产出、总收入和总就业的波动，也是国民收入或总体经济活动扩张与紧缩的交替或周期性波动变化。

过去把经济周期分为繁荣、衰退、萧条和复苏四个阶段，表现在图形上称为衰退、复苏、过热和滞胀更为形象，也就是现在普遍使用的名称，如图 5-1 所示。

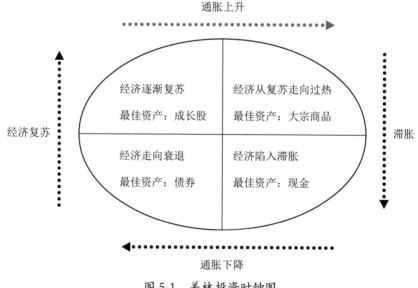

图 5-1　美林投资时钟图

● 衰退：从繁荣到萧条的过渡时期，这时经济开始从顶峰下降，但仍未到达谷底。

● 复苏：从萧条到繁荣的过渡时期，这时经济开始从谷底回升，但仍未到达顶峰。

● 过热：国民收入高于充分就业水平。其特征为生产迅速增加、投资增加、信用扩张、价格水平上升、就业增加和公众对未来乐观。

●滞胀：国民收入低于充分就业水平。其特征为生产急剧减少、投资减少、信用紧缩、价格水平下跌、失业严重和公众对未来悲观。萧条的最低点称为谷底，这时就业与产量跌至最低。

根据美林投资时钟理论，在不同的周期阶段下，相应的资产收益排行如下：

●衰退：债券>现金>股票>大宗商品。

●复苏：股票>大宗商品>债券>现金。

●过热：大宗商品>股票>现金>债券。

●滞胀：现金>大宗商品>债券>股票。

1. 过热

当经济处于增长期时面临的投资机会相对比较多，因为市场上参与者众多，所以机会多、资金多，而风险相对较小。

市场特点为在繁荣期内，经济得到快速发展，企业有不错的效益，市场也是一片欣欣向荣的景象。但在这些好消息的背后，通货膨胀水平也在增加，由此埋下了一些不稳定的因子。

2. 衰退

市场特点为经济经历过快速发展，繁荣以后出现衰退。与炒股一样，有些股票在某一段时间内涨幅巨大，就会在某一段时间内进行调整。

经济衰退并不代表经济发展退步，只是经济发展的脚步放缓了，但还在发展，不过市场正在逐渐失去活力。企业在繁荣期快速扩张，在衰退期产能过剩，商品整体上供大于求，企业的盈利受到影响。

3. 滞胀

市场特点为经历过经济衰退以后，市场上的供给与需求都下降了，经济特别缺乏活力，在这一阶段失业率与通货膨胀率都会增加。

4. 复苏

市场特点为经济萧条不可能永远持续下去，在社会各界的共同努力下，经济开始好转，通货膨胀水平也得到控制。随着经济复苏，企业的效益也在逐渐转好，一切都在向着经济繁荣再次迈进。

经济发展有其自己的规律，大家在经济发展的繁荣期也要居安思危，当然在萧条期也不需要过于悲观。

5.3　市场表现

无论经济处于哪个阶段，市场永远是客观的、有周期性的、正确的。对于不同时期的市场表现，我们应当注意如下几项：

• 当前市场表现出来的状态肯定是市场参与者的合力结果。我们既然要在这个市场上生存，就应该学会适应这个市场。

• 我们要认识到市场当前表现的原因是什么，认识到未来有可能的"变化"。只有这样，我们才会清楚自己当前投资的标的是不是在市场发力的区间内。

有些人可能会说：既然认识到市场发力的方向，为何不顺势而为呢？当然可以顺势而为，但是市场具有周期性，这是一个在过去或现在都存在的规律。

如果因为市场已经很长一段时间处在某种状态中，就认为市场状态会这样一直持续下去，那么这种思维是比较危险的。没有哪个市场是永恒不变的。那什么东西是永恒的？答案是周期。这个周期不是指投资品的周期，而是指市场周期和思维性周期。

在股票市场中，如果估值一直处在高位，那就不是特别好。比如，在 1998 年之后可口可乐的相对收益始终不太好，在 1998—2000 年股价蒸发 67%，这时它的估值达到 48 倍市盈率，是非常高的。它的基本面没有大问题，利润也还好，可股价就是止不住地一路向下。我们知道，在市场的不同位置买入，赚钱的多少是不一样的，风险也不一样。如果在市场既不狂热也不拖沓的位置入市，那么几乎能保本。如果打板高点买入，那么大概率会亏钱。

如果我们要入市，应怎么分析判断现在的市场情况和表现呢？怎么利用经济周期来看目前市场是否会走到极端呢？常用的方法有如下两种：

• 定量，即看市场的估值。把最近市场的点位和估值与基本面各项指标进行对比。最常用的指标是市盈率，把股票价格和行业平均水平进行对比。如果市盈率很低，则意味着股价跌到底了，可能即将上涨；如果市盈率很高，则预示着股价快涨到极端点了，下跌的可能性比较大。

• 除了要注意基本面，还要非常重视心理层面。比如，当股票价格下跌时，基本面会有微弱的变化，进而影响心理层面的变化，引起可能的"抛售"，进一步带动股票价格更大幅度地下滑，从而形成恶性循环，进入熊市。

那么，该怎样应对周期呢？有一句话叫"动其机，万化安"。你可能永远不知道将来会到哪里，但是可以弄清楚现在正在哪里。我们要永远尊重市场，并形成对市场的认知。

5.4 投资顾问专业度

投资顾问是一种职业，他的专业程度在一定程度上影响着资产配置、财富管理的综合收益。

投资顾问能帮助投资者了解投资知识，让投资者耐心地持有金融资产。比如，随着基金公司、主动基金、明星基金经理的崛起，投资散户逐渐发现，自己炒股的收益不如买基金的收益。但是，基金数量众多，甚至超过了股票数量，怎么挑选基金、如何做好资产配置等都需要有专业人士指导，这就催生了基金投资顾问这个职业。投资顾问给投资者普及投资知识，拉长投资时间；投资者经投资顾问的指导，投资能力逐渐提高。目前，国内投资顾问职业刚刚诞生不久，无论是人工投资顾问还是智能投资顾问，都处于起步发展的阶段。未来，随着投资顾问职业的普及，投资者会变得更聪明，会用最低成本购买全市场的产品，届时，市场也就进入了低成本金融投资时代。

另外，投资顾问是财富管理的一部分。财富管理是一个很大的范畴。比如，以前基金投资不太流行，很多人会把钱存银行。而把钱存银行在今天看来是习以为常的事，但一开始并不是顺理成章的。很多人担心存银行的钱会没了，甚至有人用布包好钱，埋在院子里，最后钱都烂掉了。银行储蓄、银行理财也属于财富管理的范畴。等资金量多了之后，我们可能会考虑投资基金，比如投资公募基金、私募基金等。等到资金量更多之后，我们可能会开始考虑如何进行财富传承。我们常听到一些家族会做家族信托或成立慈善基金，不过，要达到这个级别，财富至少要达到亿元以上。

银行在财富管理上有类似的划分。

• 5 万元以内，一般是普卡。

- 5 万元 ～ 100 万元，一般是金卡。
- 100 万元，达到私募基金的投资门槛。
- 1 000 万元，几乎达到国内所有私人银行的进入门槛。
- 1 亿元以上，达到家族信托、家族办公室的进入门槛。
- 10 亿元以上，可能会有属于自己家族的财富管理办公室。

财富管理不仅仅是管理钱，还涉及保险、法律、健康管理等。比如，夫妻离婚如何分割财产？离一次婚，财富少一半，影响很大。又如，家族一共有 8 个子女，企业应该由谁来接班？子女之间争家产打官司，家族财富严重缩水，甚至还会引来外人的觊觎。只不过在大多数时候，大家更关注财富的保值、增值，更多的人不是在投资，而是在投机。

5.5　收益指标比较分析

有了合适的投资策略，有了良好的管理机制，最终执行的效果如何呢？如何评价长期投资的收益也是很重要的。业绩评估需要考虑合适的评估频率，选择恰当的业绩指标。股票基金投资通常要观察长期的业绩表现，而不是短期的业绩表现。以短期涨跌来评价业绩表现，会导致人们陷入短期投资导向，从而偏离长期投资的目标。这种心理效应也被称为短视损失厌恶。人在面对盈利和亏损时的心理感受是不同的。损失带来的痛苦是盈利带来的喜悦的两倍甚至更高。换言之，丢了 100 元的痛苦需要捡 200 元的喜悦才能弥补。由俭入奢易，由奢入俭难就是类似的道理。这种损失厌恶的心理作用是非常强大的，会在很大程度上影响到决策。

为什么不要每天看涨跌？

首先，指数基金是长期上涨的，如果长期持有指数基金，坚持一轮牛市与熊市，那么最终的收益大概率是正的。不过，指数基金不是每天都会上涨。统计A 股过去 10 年，共有 2 432 个交易日，其中，有 1 138 个交易日指数基金是下跌的，有 1 294 个交易日指数基金是上涨的。换言之，任意一天我们去看股市，都会有 47% 的概率下跌，有 53% 的概率上涨。虽然我们看到上涨的概率实际上要高一些，但遗憾的是，亏损带来的痛苦比同等数量盈利带来的喜悦多两倍。

其次，别用短期业绩来衡量投资表现。投资者每天可以看自己的收益，是自己应有的权利。只不过，在评估投资表现时，观察的时间最好长一些。像 A 股市场就有轮动的特点。大小盘股轮动：2019—2020 年大盘股表现好，2021 年小盘股表现好。价值成长轮动：2016—2018 年价值风格表现好，2019—2020 年成长风格表现好，2021 年之后又变成价值风格表现好。

这也是为什么我们在挑选基金经理的时候，往往会挑选从业时间较长的基金经理，因为便于观察其长期业绩，以此来评估其真实的长期表现。收益和风险都要考虑。除了要确定评估频率，还要确定自己看哪些指标。当然，最常见的评估指标是收益和风险指标。

1. 收益指标

收益指标主要是年化收益率，要看长期的。如果刚好遇到某一年牛市上涨，那么很多基金都有可能上涨一两倍，年化收益率就会非常高。如果刚好遇到熊市，年化收益率就会很低。将时间拉长后，股票、基金整体的长期平均年化收益率大约是 14%。只有观察时间长一些，收益才会更接近真实水平。

2. 风险指标

普通投资者比较关注的风险指标是最大回撤，也就是假设自己不幸买在了最高点，之后看到账面上出现的最大浮亏是多少。不过，最大回撤与开始时的估值也有关系。比如 2015 年牛市的最高位，市场在一星级，之后市场整体"腰斩"；而 2018 年初市场在三星级，2018 年也遇到了熊市，但大部分股票基金的跌幅为 20%～30%。通常市场整体估值越高，之后面对的最大回撤、波动风险也会更大。另外，还有几个因素也会带动风险变大，比如，股票比例越高的组合，波动风险通常越大；以小盘股、成长风格为主的组合，波动风险也会更大。

如何做好长期投资？我们已经知道了以下几个核心要素：

- 选择合适的投资策略。
- 做好投资计划和管理。
- 确定正确的评估周期和指标。
- 做好比较分析和复盘。

第 6 章

资产配置绩效分析

投资绩效评价和归因分析作为资产配置的重要环节，对于资产配置的科学性而言非常重要。

计算和评价资产配置的绩效收益，首先是剔除资金量的影响，计算收益率。

其次是对产品的选择及对产品的绩效评价和归因分析。

现在市场上很多投资类 App 都已经非常成熟，比如同花顺、东方财富网等 App 对单项产品的收益及分析都做得非常好，只需要花时间仔细去看分析结论就好。

6.1 投资绩效评估

对资产配置中的投资绩效进行评估，其目的是调整投资方法，改善投资绩效。如果你的家庭委托了专业的财富机构，有专业的投资顾问，那么绩效评估就是对投资顾问的评估，目的是看清投资顾问的投资风格、期望和风险匹配度是否适合自己，以确定自己是否继续选择该财富机构。

那么，我们应该采取什么方法和指标对投资绩效进行有效评估呢？在这里将投资绩效评估总结为五个"多少"：用了多少钱、赚了多少钱、用了多少时间、承担了多少风险、有多少可信度。来看下面的示例：

• 甲赚了 100 万元，乙赚了 10 万元，从收益的角度来看，甲比乙好。

• 甲用本金 1 亿元赚了 100 万元，乙用本金 100 万元赚了 10 万元，从收益率的角度来看，乙比甲好。

• 甲用本金 1 亿元赚了 100 万元用时 1 个月，乙用本金 100 万元赚了 10 万元用时 1 年，甲的年化收益率是 12%（非复利），乙的年化收益率是 10%，从年化收益率的角度来看，甲比乙好。

• 甲用本金 1 亿元赚了 100 万元用时 1 个月，期间资金的最大回撤为 60 万元；乙用本金 100 万元赚了 10 万元用时 1 年，期间资金的最大回撤为 4 万元。按照这样计算，甲的年化收益风险比为 2，乙的年化收益风险比为 2.5，从年化收益风险比的角度来看，乙比甲好。

• 甲在 1 个月内共交易了 5 次，而乙在 1 年内也只交易了 5 次，从可信度的角度来看，甲比乙好。

• 甲期间最大的资金使用为 5 000 万元，资金的最大使用杠杆为 0.5 倍；乙期间最大的资金使用为 8 万元，资金的最大使用杠杠为 0.8 倍（前几条分析没有考虑杠杆，都是在相等资金比例的情况下进行对比的）。从杠杆比例的角度来看，甲比乙好。

从上面的评估结果中可以看出，对投资绩效的评估并非简单地看盈利值，而要转化为同样的口径来对投资过程中的各个环节进行分析。上述评估指标都是量化投资策略的经典指标，因此，对于一个实盘账户或一份投资报告的评估，完全可以按照量化投资策略的评估方法进行。

量化投资策略常用的评估指标包括净值、净利润、年化收益率、最大开仓市值、最大开仓杠杆、最大回撤值、最大回撤率、夏普比率、年化收益风险比、交易次数、胜率、盈亏比、盈利因子等。

6.2 夏普比率

图 6-1 为 A 和 B 两只基金的收益走势图，你会选择哪只? 为什么?

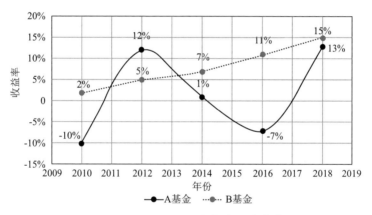

图 6-1   A 和 B 两只基金的收益走势

在给出答案之前，我们先来看一个指标：夏普比率。

为什么大家喜欢研究这个指标呢? 它到底是怎么衡量风险和收益的呢? 夏普比率是什么? 该怎么用? 在哪里可以找到? 夏普比率在什么时候用比较好呢? 夏普比率高就一定好吗? 下面分别来回答这些问题。

夏普比率是什么?

夏普比率表示基金每承受一单位风险能够获得多少超额收益，它是一个可以同时对收益和风险加以综合考虑的经典指标。

夏普比率可以帮助投资者在固定风险下追求较大回报，或者在固定预期回报下追求较低风险。那夏普比率是怎么同时衡量收益和风险的呢？先来看一下它的计算方法。

夏普比率＝（投资组合预期报酬率－无风险利率）÷投资组合的标准差（波动率）

其中，投资组合预期报酬率－无风险利率＝超额收益率，通常用短期国债收益率作为无风险利率。当夏普比率大于 0 时，收益大于无风险利率；当夏普比率小于 0 时，收益小于无风险收益率。简单而言：一是夏普比率代表收益率和风险的比值，也就是每承受一单位总风险会产生多少的超额收益；二是我们常说的风险并不是指要承担多么大的亏损或回撤，而是指要承担多么大的波动（基金的波动率一般可以用标准差来表示）。

看到这里，大家就知道应该选择 A 基金还是 B 基金了吧。B 基金的波动率明显小于 A 基金的波动率，两只基金的收益率和风险的比值是 B＞A，所以 B 基金可能是更好的选择。

那夏普比率计算出来的数值到底代表什么呢？举个例子：夏普比率为 2，这个 "2" 代表的就是风险每增长 1%，换来的是 2% 的超额收益。所以，夏普比率越大，证明每承受一单位风险所产生的收益越多，也就是所对应的产品相对越值得购买。

那么，在投资中怎么使用夏普比率呢？

举个例子：下面两只基金 A 和 B，该选哪只呢？

• A 基金：年化回报率为 10%，夏普比率为 0.5。

• B 基金：年化回报率为 5%，夏普比率为 1。

A 基金看上去年化回报率更高，但是相比 B 基金夏普比率较小，说明它承担了更多的风险。如果加一倍杠杆购买 B 基金，那么 B 基金的年化回报率会从 5% 变成 10%，而夏普比率仍为 1，表示在同样的年化回报率下，它的风险远小于 A 基金的风险。所以，B 基金在同样的风险下获得超额收益的概率更高。

每个产品都需要自己来计算夏普比率吗？

答案是不一定。例如，我们在支付宝 App 中任选一只基金进行基金指标分析，就可以看到主要指标的详细分析结果，如图 6-2 所示。

现在很多 App 的智能投顾都做得不错，对指标情况能做到一目了然，非常实用。不过，大家要注意夏普比率有不同的计算范围，比如 6 个月、1 年、3 年、5 年等。如果是同类型基金之间的比较，则一定要选择相同的时间范围。

图 6.2　某基金主要指标的详细分析结果

夏普比率越高越好吗?

由于夏普比率没有基准点，所以，夏普比率的大小本身没有意义，只有在与其他同类产品的比较中才有价值。比如两只股票型基金的年化收益率都是 20%，抛开其他影响因素，夏普比率越高越好。

最后，大家要记住以下三点:

- 一定要在同类型基金中进行比较，不能拿股票型基金和纯债基金进行对比。
- 夏普比率衡量的是历史表现，不能用来预测未来。
- 夏普比率的计算结果与时间跨度和收益计算的时间间隔的选取有关。

6.3　阿尔法和贝塔

阿尔法（α）和贝塔（β），这两个词到底是什么意思呢? 用坐火车来比喻:假设我们正坐在一辆时速 100 千米的火车上，同时老张正在以每小时 2 千米的速度在火车上行走。这时，相对于静止不动的地面，在火车上坐着的人都以每小时100 千米的速度在运动，而老张则以每小时 102 千米的速度在运动。因为火车的行驶速度是每小时 100 千米，老张的行走速度是在火车行驶速度的基础上再加每小时 2 千米，所以是每小时 102 千米。对于基金而言，火车的 100 千米时速就是贝塔，代表整个市场的平均速度；而多出来的 2 千米时速就是阿尔法，是超越市场平均的部分，在投资中也被称为超额收益。

比如某只基金对标的基准是沪深 300，如果在一段时间内沪深 300 上涨10%，那么这个 10% 就是贝塔收益；而这只基金在同样的时间段内上涨 25%，那么两者之差（15%）就是这只基金的阿尔法收益。由此可见，更大的超额收益是主动管理型基金共同追逐的目标。因此，要想取得超越市场的高额回报，关注超额收益是很重要的。

6.4 特雷诺比率

特雷诺比率也被称为收益与波动率比率，用于确定投资组合承担的每单位风险产生了多少超额收益。这里的超额收益是指超过无风险投资所能获得的收益。

特雷诺比率中的风险指的是系统风险，由投资组合的 β 值来衡量。β 值衡量的是一个投资组合的收益率随着整个市场的收益率变化而变化的趋势。特雷诺比率是由美国经济学家杰克·特雷诺发明的测算投资回报的指标，其计算公式如下：

$$TR = \frac{E(r_p) - r_f}{\beta_p}$$

式中：TR——特雷诺比率；$E(r_p)$——投资组合的预期报酬率；r_f——考察期内投资组合的平均无风险利率；β_p——投资组合的系统风险。

特雷诺比率反映了投资组合承担每单位系统风险所获得的超额报酬（超过无风险利率 r_f）。因此，特雷诺比率越大，投资组合的表现就越好；反之，表现就越差。

6.5　索提诺比率

索提诺比率是一种衡量投资组合相对表现的方法。它与夏普比率有相似之处，但索提诺比率的计算运用下行标准差而不是总标准差，以区别不利和有利的波动。

6.6　詹森阿尔法

通过 CAPM 可以计算一个投资组合的理论期望收益率，再计算投资组合的实际期望收益率。实际期望收益率和理论期望收益率差就是 α，最初被詹森提出，所以又被称为"詹森阿尔法"或"詹森指数"。

另外，詹森 α 所代表的是投资组合业绩中超过市场基准组合业绩所获得的超额收益。即 $\alpha > 0$，表明投资组合的业绩表现优于市场基准组合的业绩表现，大得越多，业绩越好；反之则表明其绩效不好。

6.7　其他绩效分析指标

除了上面的方法和指标，还有几个常用的绩效评估指标，分别如下：

1. 跟踪误差

它是指组合收益率与基准收益率（大盘指数收益率）之间差异，即收益率标准差，反映了基金管理的风险。跟踪误差可以方便人们对于组合在实现投资者真实投资目标方面的相对风险做出衡量，因此，它是一个有效的风险衡量方法。基金的净值增长率和基准收益率之间的差异收益率称为跟踪偏离度。跟踪误差则是基于跟踪偏离度计算而来。这两个指标是衡量基金收益与目标指数收益偏离度的重要指标。跟踪误差越大，说明基金的净值率与基准组合收益率之间的差异越大，并且基金经理主动投资的风险越大。通常认为跟踪误差在 2% 以上意味着差异比较显著。

2. 信息比率

信息比率是以马克维茨的均异模型为基础，用于衡量基金的均异特性。它表示单位主动风险所带来的超额收益。

信息比率是从主动管理的角度描述风险调整后的收益，它不同于夏普比率从绝对收益和总风险角度来描述。信息比率越大，说明基金经理单位跟踪误差获得的超额收益越高，因此，信息比率较大的基金的表现要优于信息比率较低的基金。

第 7 章

构建资产配置投资组合

为什么要构建投资组合? 要么是因为单一产品无法满足收益的要求, 要么是因为单一产品的风险系数太高, 所以, 大家需要寻求一个组合来平衡收益和风险, 以追求最大限度的收益。

在现实中, 有人确实靠重仓甚至一只优秀的个股赚了不少钱, 但这种现象只是个例, 不能代表全部, 因为它不具有可持续性, 无法走到最后。

那么, 构建资产配置投资组合有哪些好处呢?

一是容错率高。

二是有助于克服自身弱点。

三是容易保持开放的心态, 至少不会教条。

四是可以当家族的投资顾问, 进行自我修炼。

7.1 资产配置方法

资产配置有三大方法：即资产分配法、债务分配法和目标导向法。

1. 资产分配法

资产分配法是指在资产配置过程中，只关注资产端，忽略负债端，注重通过选择大类资产的配置权重来降低投资组合的整体风险，常用收益率的波动率来度量风险。大家在进行资产配置时可以根据自身的投资目标和约束，用大类资产组合的权重来调整资产配置的权重。

2. 债务分配法

债务分配法侧重于满足家庭负债端支付的需求，尤其是法律上的强制支付需求。在满足了支付需求之后，才会去追求收益的最大化。

3. 目标导向法

目标导向法是指为了满足确定目标而进行的资产配置。例如，资产配置的目标是希望每位家庭成员在退休之后能过上高质量的生活。也就是为了实现某个特定的目标，一般会要求在某个时点有一定的现金流流出，所以，在进行资产配置时，大家一定要注意资产组合产生的收益是否能够覆盖目标所需要的现金流。

一般债务分配法比较适合机构的资产配置，而目标导向法比较适合家庭的资产配置。

7.2 主要收益率

主要收益率是指持有期收益率和平均收益率，后者又分为算术平均收益率和几何平均收益率，具体内容如图 7-1 所示。

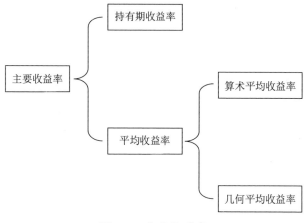

图 7-1　主要收益率

主要收益率用来衡量资产配置投资组合的收益情况，根据收益的具体情况来对比资产配置的目标，对比收益和目标的差距，并且关注收益是否达到资产配置的预期收益，如果没有达到，那么大家要对配置方案进行一定程度的调整和修改。

1. 持有期收益率

持有期收益率是指持有某一投资工具在一段时间内所带来的总收益与初始投资的比率，包括利息收入和资本利得或损失。

持有期收益率是持有某一金融产品在一段时间内能够带来的收益率，也就是持有的整个期间能带来的总收益。

2. 平均收益率

平均收益率可以分为算术平均收益率和几何平均收益率。几何平均收益率实际上是计算复利的收益率。如果要计算多期的投资收益率，则需要用到几何平均收益率；计算单期的投资收益率则用算术平均收益率。

那么，算术平均收益率和几何平均收益率应该怎么用呢？如果要总结过去几年的平均收益率，那么用几何平均收益率比较合理；当基于未来几年的预期收益率来计算未来收益率时，用算术平均收益率比较合理。

补充一句：如果大家要根据历史数据来预测下一期的收益率，则用算术平均收益率；如果大家要根据历史数据来描述过去的平均业绩表现，则用几何平均收益率。

7.3　固定收益组合

由于固定收益组合与股票等其他类别的资产相关系数较低，因此，将固定收益组合加入资产配置中，可以降低投资组合的整体风险，并且能获得经常性的现金流。对于在投资期间想要获得充足现金流的家庭来说，固定收益组合可以定期带来充足的现金流，满足家庭的日常支出。

如何构建一个固定收益组合呢？有以下三个步骤：

第一步，准确评估全球市场环境

例如，受外部不稳定因素的影响，世界主要经济体的刺激措施将开始发挥一定的反作用，而这种反作用将会因货币和人口方面的变化而更加严峻。

第二步，构建组合产品

根据收益、风险和流动性三原则，从固收产品中选择固收组合，固定收益证券占据了很大比例。固定收益证券的种类有很多，我们可以大致将其分为四类。

●国债、央行票据、金融债和有担保的企业债，收益来自债券持有期利息收入、市场利率下行导致的价格上升和较强转换能力蕴含的盈利。

●无担保企业债，包括短期融资券和普通无担保企业债，收益来自企业债持有期利息收入、市场利率的下行和信用利差的缩减导致的价格上升。它要求大家选择优质企业或优质财务状况的企业。

●混合融资证券，包括可转换债券和分离型可转换债券，收益来自标的证券价格变动导致的价格上升和派息标的证券的价格波动。

●结构化产品，包括信贷证券化、专项资产管理计划和不良贷款证券化，收益来自持有期利息收入和市场利率下行导致的价格上升。

最后强调一句：投资组合要具有高夏普比率。

第三步，监测风险

购买企业融资产品，要时刻关注企业的经营情况，对使用杠杆的企业要特别引起重视。目前市场上很多企业尤其是一些地产企业，杠杆率非常高。因此，大家在配置资产的时候要严肃对待风险监测。

7.4　权益组合

目前全球经济已经陆续转向高质量发展阶段，无论是从提高社会融资效率、满足实体经济融资需求、助力共同富裕的角度来看，还是从理财业务乃至商业银行自身发展转型的角度来看，大家都有必要积极参与权益市场。因此，做好权益类资产的配置是大势所趋。

大家对权益类资产是最熟悉的，同时权益类资产也是投资者参与最多的金融资产。比如选择投资股票，购买者就会成为公司的股东，不仅可以见证公司的成长，而且可以享受到公司在蓬勃发展过程中带来的红利，这是权益类资产和固定收益资产的主要区别。

如何构建一个权益组合？有以下三个步骤：

第一步，明确权益类资产的分类（以股票为例）

• 按市值和风格。权益类资产按市值可以分为大盘股、中盘股、小盘股；按风格可以分为价值型、成长型、混合型（通过市净率等相关指标来区分价值型和成长型）。

• 按区域。权益类资产按大范围可以分为海外市场和国内市场；按小范围可以分为沿海市场和内陆市场。分区域的主要目的是分散风险，并且选择一些头部优质企业进行配置。

• 按行业。A 股板块：a. 农林牧渔；b. 采矿业；c. 制造业；d. 电力、热力、煤气和水的生产和供应业；e. 建筑业；f. 批发和零售工业；g. 运输、仓储和邮政服务；h. 住宿和餐饮业；i. 信息传输、软件和信息技术服务；j. 金融业；k. 房产产业；l. 租赁和商业服务；m. 科学研究和技术服务；n. 水利、环境与公共设施管理行业；o. 住宅服务、修理和其他服务；p. 教育；q. 卫生和社会工作；r. 文化、体育和娱乐；s. 整合方面。共有 19 个类别，90 个二级子类别。

第二步，构建权益组合

• 完全复制法：完全参照对标指数的构成与权重来构建权益组合。例如，对上证50 进行完全复制，不仅操作简单，而且具有流动性。

• 分层抽样法：先将产品进行分类，然后在每类中抽取子类用于构成投资组合。比如先将股票按行业分类，然后根据市值、规模、市盈率等指标进行抽样买入。

● 最优化法：在约束条件下最大化或最小化投资组合的某个特征。比如最小化特征可以指数的跟踪误差，约束条件可以是投资组合中股票的个数或市值等。

● 混合法：混合法是上面三种方法的混合使用。比如对于大盘股采用完全复制法，对于中、小盘股采用分层抽样法和最优化法。

第三步，风险管理

● 经济风险，主要是指宏观经济的变化对产业、行业、企业的偿债能力和经营能力的影响，比如影响选择投资标的。

● 政策和法律风险，主要是指新政策和新法律条文的实施对投资标的的影响。

政策和法律的风险往往具有不可预测性，并且带来的风险极大，比如新东方，股价最高时达到 158.800 港元／股，最低时只有 6.620 港元／股。如果投资者配置了这类股票，那么，遇到政策性风险，损失往往是巨大的。

7.5 组合中的另类投资

在考虑整体资产配置投资组合时，加入另类投资的配置往往可以起到加强综合收益的同时分散组合风险的作用。有一些另类投资的标的资产本身的价格变化可以起到资本增值的作用，还有一些另类投资会在投资期间获得较稳定的收益，比如房地产投资的租金收入、债券投资的利息收益、权益投资的红利收益等。

这里主要介绍一种配置方法，即蒙特卡罗模拟。该配置方法主要有以下三个步骤：

第一步，对目标另类投资资产的历史收益率数据进行统计，并对相应的数据进行处理。

第二步，对传统投资资产和另类投资资产进行不同权重的多种配置。

例如，资产组合 1 可以配置 45% 的股票类资产和 55% 的债券类资产；资产组合 2 可以配置 45% 的股票类资产、20% 的对冲基金、15% 的债券类资产、10% 的私人不动产和 10% 的大宗商品期货合约。

第三步，对不同的资产组合进行蒙特卡罗模拟，并设定目标收益率，比如 7.2%。

图 7-2 为两组资产组合在投资期限内满足目标收益率的概率曲线，概率越高的资产组合越有可能实现目标收益率。

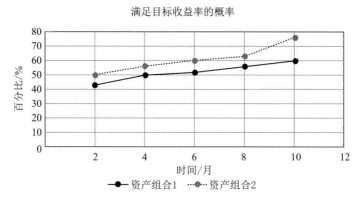

图 7-2　两组资产组合满足目标收益率的概率曲线

7.6　风险厌恶

风险厌恶是指人们在投资过程中面对不确定的情况，相比接受较高的不确定收益，更愿意选择更安全（但可能更低）的收益。例如，风险厌恶型投资者很大概率会选择将他的钱存在银行里以获得较低但确定的利息，而不愿意将钱用于购买股票，承担损失的风险以获得较高的期望收益。

先来做一个实验：假设你买了一张彩票，下面有两个选择，仅凭第一印象，你会怎么选？

A. 你一定能中 100 万元。

B. 你有 50% 的概率中 1 亿元，有 50% 的概率不中奖。

实验的结果是 99.9% 的人会不假思索地选择 A。

一些有商业头脑的人会选择 B，因为他们认为有很大的概率让自己的收益超过 100 万元。而大多数人会下意识地选择 A，因为人们在面临一些风险选择时总是比较谨慎，不想去冒太大的风险，往往喜欢见好就收，更喜欢那些看得见、摸得着的收益，总是担心损失自己已经获得的一些利润。可见，在生活中大部分人其实都是风险厌恶者。

风险包括两层含义：即不确定性和损失。投资者总喜欢追求确定性和安全感，在风险相同的情况下，总会倾向于选择预期收益高的；而在预期收益相同的情况下，则一定会倾向于选择风险低的。投资者之所以愿意承担风险，不是因为爱好和追求"风险"，而是因为想要追求风险背后的高收益。

当我们称投资者为"风险厌恶"时，并不是指他在本质上追求确定性和安全感而对风险充满厌恶，而是指他在做风险决策时，相比于一项具有更高预期收益的投资，反而更愿意接受另一项预期收益略低但更加保险的投资。

第 8 章

资产配置风险管理

风险看似是一个很遥远的概念，有些事情发生的概率很小，近乎为 0，一旦发生在自己身上，这个概率就是 100%。

在金融市场中，风险更是无处不在，风险是投资三要素（风险、信用、杠杆）之一。要做好投资和资产配置，首先要学会管理风险。

风险管理是资产配置中经常讨论的问题。在资产配置中，理解风险究竟在哪里，如何更好地判断和管控风险是提高自己投资回报的重中之重。多数人以为取得高额回报的前提是冒着巨大的风险，其实完全相反，成功的投资者往往稳重而偏保守。成功的投资者都是厌恶风险的。以下是市场上常见的风险控制方法。

• 设置止损点：跌破 20% 减仓，跌破 30% 清仓。

• 单一股票管理：如果某只股票对整个组合有超出 1% 的损失影响就减仓。

• 波动率管理：限制组合整体的波动率，当波动率上升到一定程度时就降低整体仓位。

• 宏观风险管理：当宏观风险上升时就降低仓位。

• 基本面风险控制：从基本面出发进行风险控制，比如对公司基本面有很高的要求，对股票进行精挑细选和事前风险控制（在进行资产配置之前做好系统的风险管理）。

• 对冲风险控制：通过同时做多和做空有关联的两组产品组合来降低风险。

• 分散风险控制：通过持有很多相关性很低的资产来降低风险。

8.1　风险识别与分析

风险识别往往是通过风险监测来完成的，而所谓的风险监测则是通过确定的风险限额，在投资交易的事前、事中、事后进行监测，确保投资交易是在资产配置的风险限额范围内进行的，对超出风险限额范围的投资交易进行拦截提示和报告，将投资组合风险指标调整到风险限额范围内。

机构投资基金需要根据外部监管的要求及内部风险控制的标准，针对不同产品的投资策略，设定一系列风险限额指标，在投资组合层面管理风险。同时针对可能发生的极端风险事件，制定尾部风险管理方案。风险限额主要包括以下三类：

•投资范围的限制：根据特定的投资策略和风险偏好，确定资产配置和投资的金融资产范围。

•风险限额指标：包括组合久期、波动率、跟踪误差、最大回撤、股票集中度、债券集中度等。

•尾部风险限额指标：针对小概率的尾部风险事件，确定尾部风险限额指标。

那么，我们怎么针对事前、事中、事后全流程组合进行风险监测与分析呢？专业机构需要依托完整的风险管理系统来实现风险监测与分析。进行事前监测，需要依托事前的风险监控系统来统一进行事前的实施和控制。在下达交易指令之后，在事中的交易环节，需要确保整个交易符合外部和内部的规定，同时，事中监控系统跟事前监控系统进行数据交互。事后依托监测与分析系统，对组合的业绩和风险状况进行多维度、全方位的监测和评估。在事前、事中、事后三个环节的任何一个环节中发现风险，就算识别到了风险，进而继续进行风险分析，即分析这个风险的性质、风险可能带来的损失程度，以及风险可能造成的最坏结果。

针对不同风险采用的分析方法如下：

● 针对市场风险：采用 Beta、VaR、敏感度分析、压力测试等方法，评估和监测股票价格、利率及汇率对总资产的影响。针对股票集中度，进行集中度总量管控，并按照业务类别分层监测。

● 针对组合信用风险：依据债权类资产的信用状况，监测债权类资产的信用集中度，严格监测和控制信用风险事件对组合损益的影响。

● 针对流动性风险：监测流动性资产比例、流动性缺口、组合杠杆与融资情况、个股和持仓债券转换天数等指标，并定期开展流动性压力测试，评估极端事件对组合流动性的影响。

● 针对交易对手信用风险：对衍生品风险敞口进行监控，按日监控衍生品市场风险和交易对手信用风险状况。

8.2　风险类型

风险按照不同的标准和维度可以分为很多种类型，在这里主要讨论影响投资或资产配置的几种重要的风险类型。

8.2.1　宏观风险

宏观风险常常是指政策性风险。我们应及时了解国家的大政方针，顺势而为，切不可反方向而行，同时发现潜在的商机。

总之，了解、识别宏观风险，就是要读懂当下的政策走向和把握时代的脉搏，只有这样，才能与时俱进，才能踏上成功的风口，才能游刃有余、展翅高飞。

8.2.2　操作风险

2013 年 8 月 16 日 11 : 05，上证指数出现大幅拉升，大盘一分钟内涨超 5%，最高涨幅达到 5.62%，指数最高报 2 198.85 点，盘中逼近 2 200 点。11 : 44，上交所称系统运行正常。14 : 00，光大证券发布公告称"策略投资部门的自营业务在使用其独立套利系统时出现问题"。具体错误是 11 : 02，第三次 180ETF 套利下单，交易员发现有 24 只个股申报不成功，随即使用"重下"的新功能，于是程序员在旁边指导着操作了一番，没想到这个功能没实盘验证过，程序员把买入 24 只成分股写成了买入 24 组 180ETF 成分股，结果生成巨量订单。有媒体将此次事件称为"光大证券乌龙指事件"。

事件的前期经过如下：

• 2013 年 8 月 15 日，上证指数收于 2 081 点。

• 2013 年 8 月 16 日，上证指数以 2 075 点低开，截至 11：00，上证指数一直在低位徘徊。

• 2013 年 8 月 16 日 11：05，多只权重股瞬间出现巨额买单。大批权重股瞬间被一两个大单拉升之后，又跟着涌现出大批巨额买单，带动了整个股指和其他股票的上涨，以至于多达 59 只权重股瞬间封涨停。指数的第一波拉升主要发生在 11：05 ～ 11：08，然后出现了阶段性的回落。

• 自 2013 年 8 月 16 日 11：15 起，上证指数开始第二波拉升，这一次最高摸到 2 198 点，在 11：30 收盘时收于 2 149 点。

• 2013 年 8 月 16 日 11：29，上午的 A 股暴涨源于光大证券自营盘 70 亿元的"乌龙指"。

• 2013 年 8 月 16 日 13：00，光大证券发布公告称"因重要事项未公告，临时停牌"。

这个事件发生之后引发了很多连锁反应，有兴趣的读者可以自行搜索详细的经过及后续的处理情况，这是一个非常典型的操作风险案例。

由此可以得出一个结论，即在投资市场上，每一步操作都非常重要，差之毫厘，谬以千里。

有些人在进行股票交易时容易着急和慌张，看着股价一直往上涨，生怕自己买不到，结果在填写价格时，购买金额输入错误，比如股票买入价格是 24.9，在数字键盘上输入时，由于 7 和 4 挨得近，直接输成 27.9，购买价按照最高价成交，在买入时成本直接拉高一个等级。还有些人在卖出股票时多输入一个 0，本来是减仓，结果操作成清仓，损失大大增加，收益大幅度降低。

8.2.3　特殊事件风险

特殊事件风险又被称为突发风险，比如投资标的公司实际控制人突然涉嫌犯罪，投资标的资产被查封、扣押、冻结或被抵押、质押，投资项目涉及爆雷等。

任何投资标的一旦出现上述风险事件，都属于高危投资标的，资金很大可能会面临不同程度的损失，甚至会血本无归。

所以，大家在进行投资和资产配置时一定要时常关注新闻，关注财经领域的市场风云变化，提前预判，及时止损，将风险控制在最小范围内。

8.2.4　流动性风险

一家企业破产时，媒体的报道常常这样描述：该企业资金流动性不足，资金链断裂，无法偿还各项银行借款，企业经营陷入困境……对于家庭而言同样如此，如果一个家庭的资金出现问题，或者资金投资的标的出现问题，那么这个家庭的财务就会面临流动性风险。

例如，小李购买了一款浮动收益的银行理财产品，到了产品赎回期，银行发布公告称该笔理财产品到期无法兑付，小李本打算理财产品到期之后将本金和收益作为女儿出国的留学资金，目前却面临无法赎回的风险，严重影响了小李一家的资金安排计划，甚至女儿出国留学的事情都被搁置了。此外，还会让投资者对该银行的前途产生疑虑，这足以触发大规模的资金抽离，给成千上万的家庭造成资金损失和流动性欠缺的风险，甚至导致其他金融机构和企业为预防该银行可能出现违约而对其信用额度实行封冻，引发银行严重的流动性危机，甚至破产。

如果家庭的理财资金是有期限的，比如小李一家有200万元的现金存款，本打算用来购买一套改善型住房，小李在3月份已经签订了购房合同，预计在5月份交首付200万元，鉴于中间隔着两个月，小李决定把200万元拿出来进行短期理财，以赚取收益，但是不曾想不仅没赚到钱，反而亏了30多万元，而小李交首付的时间又要到了，于是他只能借钱，这就导致小李面临着筹资困难。从这个角度来看，流动性风险指的是以合理的代价筹集资金的风险。在这期间小李也可能借不到钱，不仅买房失败，还要赔付违约金。

8.2.5 系统性风险

金融中的系统性风险是指金融系统无法履行其基本功能的可能性，如提供信贷、做市或维护证券市场和存款。在通常情况下，系统性风险会在多年中逐渐形成，但最终会突然暴发。因此，它们是极端内源性或挫折风险的一个原因，具有罕见的发生概率。由于系统危机之间的时间间隔为数年或数十年，所以，在此期间，在日常配置中，系统性风险很容易被忽视。系统性风险主要包括政策风险、利率风险、购买力风险、市场风险等。其中，政策和宏观的变化交互影响市场的流动性，因此，系统性风险可以用贝塔系数来衡量。

1.政策风险

政府的经济政策和管理措施的变化可以影响到公司利润和投资收益的变化，证券交易政策的变化可以直接影响到证券的价格。而一些看似无关的政策变化，比如关于个人购房的政策，也可能影响证券市场的资金供求关系。因此，经济政策、法规的出台或调整对证券市场会有一定的影响，当这种影响较大时，会引起市场整体的较大波动。

2.利率风险

市场价格的变化随时受市场利率水平的影响。在通常情况下，当市场利率提高时，会对股市资金供求方面产生一定的影响。

3.购买力风险

由于物价上涨，同样金额的资金未必能买到过去同样的商品。这种物价的变化导致资金实际购买力的不确定性称为购买力风险，或者通货膨胀风险。在证券市场上，由于投资证券的回报是以货币的形式来支付的，而在通货膨胀时期，货币的购买力下降，也就是投资的实际收益下降，因而存在给投资者带来损失的可能。

4.市场风险

市场风险是证券投资活动中最普遍、最常见的风险，它是由证券价格的涨落直接引起的。当市场整体价值高估时，市场风险将加大。

对于投资者而言，系统性风险是无法消除的。虽然投资者无法通过多样化的投资组合来防范系统性风险，但是可以通过控制资金投入比例等方式来减弱系统性风险的影响。

8.3　风险评估方法

资产配置中的投资风险控制是指对投资风险的分析识别和提出风险控制措施的管理活动。风险在投资活动中是客观存在的，进行风险控制分析是为了识别投资项目存在的风险因素、确定风险系数的大小及提出减少、化解、规避风险的措施和方法。

风险评估的目的一是提高投资者的风险意识，降低投资风险；二是对投资成本及方案运行后的成本费用和效益进行准确测算；三是在事前采取防范风险的措施，防患于未然。

投资风险评估报告包含了投资决策所关心的全部内容，如企业详细介绍、项目详细介绍、产品和服务模式、市场分析、融资需求、运作计划、竞争分析、财务分析等，并在此基础上从第三方角度，客观、公正地对投资风险进行评估。

投资风险的因素分析包括政策法律风险分析、市场风险分析、技术风险分析、财务风险分析、经营风险分析；投资风险的评价包括投资风险指标体系的建立和综合评价；投资风险的对策包括项目投资风险的应对思路、处理方法和建议。

风险评估的方法和模型为采用定性与定量相结合的方法估计各风险因素发生的可能性及对项目的影响程度。具体对于投资风险的评价可以采用层次分析法、风险矩阵法来分析风险水平和划分风险等级，还可以采用盈亏平衡分析、敏感性分析、临界值分析及概率分析方法对投资风险进行把控。

8.3.1　定性分析法

所谓定性分析法，简单来讲就是给一个风险事件定性。例如，在事件发生之后，要确认这是一个什么样的事件，是好还是坏，事件变化的趋势如何，是否会造成最坏的损失结果。

例如，2022 年 4 月 11 日，网络上流传起一篇关于以岭药业（股票代码为002603）的微博。

这篇微博当天并未引起多大的影响，以岭药业当天继续涨停，但是，从接下来的第二个交易日开始，股价已经翻倍并且成为时下热股的以岭药业连续跌停，如图 8-1 所示，单日封单 40 万手以上，市场上有人亏了上百万元，打板进去的人连吃两个跌停，可谓惨不忍睹。

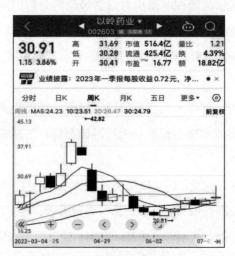

图 8-1 以岭药业股价走势

如果你购买了以岭药业，那么出现这样的风险事件应该怎么办？怎么分析？又怎么去做决策？

我们来回顾一下客观情况。

- 2022 年 4 月，疫情弥漫。
- 辉瑞新冠口服药被准许有条件紧急上市。
- 世界卫生组织有关于新冠治疗的一些言论。
- "十四五"中医药信息化发展规划出台。
- 以岭药业代表药品连花清瘟胶囊成为官方治疗的"三方三药"之一。

出现这样的事件，我们首先来看正规渠道媒体的关注度。当天抖音 App 上有好几条关于以岭药业的点赞量超过百万的短视频，而且一开始舆论基本上是一边倒的。股票交易 App 上也有不少投资者看空。这时，不管以岭药业如何，连花清瘟胶囊如何，至少要先减仓，因为舆论看空，市场短期肯定回撤，好企业最怕的是质疑，最怕舆论一边倒，所以这个事件要这样定性：

- 短期看空。

- 以岭药业被质疑。

- 后续走势不明朗。

- 每天主力资金大额流出、利空。

综上所述，投资者需要对自己的仓位进行调整，控制风险，减少损失。

截至 2022 年 4 月 30 日，以岭药业的股价从事件发生之日（2022 年 4 月 11 日）的每股 43 元跌至每股 24.9 元，不到一个月的时间，以岭药业的股价接近"腰斩"。如果投资者不减仓，不注重分析，不采取行动，估计要亏个"底朝天"。

8.3.2　内部控制评价法

所谓内部控制评价法是指有一套自己的交易系统和风险控制系统，也可以理解为交易原则，是在交易过程中必须遵守的交易规则。

- 永远不要满仓，不满仓就不会全亏。

- 不要借钱投资，不要加杠杆投资。

- 设置每月交易次数、每周交易次数，并坚持执行。

- 不买股东全是个人的公司股票。

- 避开 ST、*ST 公司，市值在 20 亿元以下或股价在 2 元 / 股以下的公司股票不碰。

- 一旦内部交易系统形成就要遵照执行，一般不会有太大风险。

8.4　风险缓释手段

缓释可以简单地理解为对冲，目的都是更好地保全财产，获得更高的收益。

在银行的信贷业务中，如果银行要贷款给企业或个人，则一般会要求贷款人提供抵押物，比如房产、商铺、写字楼，甚至还会引入担保公司或集团来一起承担连带责任，目的就是确保贷出去的钱能够全部收回。有时产品太过复杂，还会引入金融衍生品或保险保单的方式来转移风险。

同样，在家庭资产配置和投资规划的过程中，风险缓释手段可以类比银行发放贷款的方式。例如，买房可以引入保险或担保公司，只需付出小额的费用，就可以防止因断供而引起的诉讼和房产强制拍卖，从而造成巨额损失；买车也可以买保险，以防止因为意外造成的重大事件而引起家庭财务的巨大波动。

普通人能接触到的风险缓释手段就是保险，买房、买车、个人医疗、重疾等都可以通过保险来降低或分散风险。

8.5 危机处理

在投资过程中出现极端亏损情况，如果没有做事前风险管理，就只能做事后危机处理了。投资市场中的危机就是遇到暴跌或崩盘。大家希望在遇到任何情况时都有方法来应对。危机处理的意义不在于拿一手好牌，而在于打好一手烂牌。

下跌行情是做资产配置时最不愿意看到的行情，但是又无法回避。在下跌行情中，很多投资者更容易被市场激怒或产生恐惧，从而带来操作上的失误。

如果你遇到了下跌危机，那么尽量不要乱操作。

• 不要盲目杀跌。在暴跌市中不计成本地盲目斩仓是不明智的。止损应该选择目前浅套而且后市反弹上升空间不大的个股进行。对于目前下跌过急的个股，不妨等待其出现反弹行情再择机卖出。

• 不要急于挽回损失。在暴跌市中投资者往往被套严重，账面损失巨大。有的投资者急于挽回损失，随意地增加操作频率或投入更多的资金，这种做法不仅是徒劳无功的，还会造成亏损程度的加重。在大势较弱的情况下，投资者应该少操作或尽量不操作，静心等待大势转暖，待趋势明朗后再介入比较安全、可靠。

• 不要过于急躁。在暴跌市中有些投资新手容易出现自暴自弃甚至破罐子破摔的赌气式操作。不要忘记，人无论怎么生气，过段时间都会平息下来，但是，如果资金出现了巨额亏损，则很难弥补。所以，投资者无论在什么情况下都不能拿自己的资金账户出气。

• 不要过于恐慌。恐慌是投资者在暴跌市中最常出现的情绪。在股市中，有涨就有跌，有慢就有快，这是自然规律，只要股市存在，它就不会永远跌下去，总会有上涨的时间点。投资者应该趁着股市低迷的时候，认真学习研究，积极选股，及早做好迎接牛市的准备，以免在行情转好时又犯追涨杀跌的老毛病。

●不要过于后悔。后悔心理常常会使投资者陷入一种连续操作失误的恶性循环中。投资者只有尽快摆脱后悔心理的枷锁，才能在失败中吸取教训，提高自己的操作水平，争取在以后的操作中不犯或少犯错误。

●不要急于抢反弹。特别是在跌势未尽的行情里，抢反弹如同火中取栗，稍有不慎，就有可能引火上身。在当前的市场环境下不存在踏空的可能性，投资者千万不要因为贪图反弹的蝇头小利而陷入被深套的风险中。

第 9 章

资产配置"再平衡"

所谓"再平衡"，大家可以简单地理解为当投资组合中的资产比例偏离目标配置时，通过交易将投资组合恢复到目标比例。虽然这种方法可以提高投资回报，降低投资组合的风险，但是投资者容易过度交易，从而导致"乱"平衡。较好的再平衡策略是将静态和动态方法相结合，在交易成本和配置目标之间取一个最优的平衡点，并将其优势发挥到极致。

9.1　投资组合再调整

假设投资目标是配置 50% 的股票和 50% 的债券。

- 如果股票价格下跌，导致投资组合变成了 40% 的股票和 60% 的债券，那么我们需要购入更多的股票，卖出债券，将投资组合重新恢复到 50% 的股票和 50% 的债券，即最初的目标配置。

- 如果股票价格上涨，债券价格下跌，那么股票的比例会上升。为了把资产配置的比例恢复到最初的目标配置，我们需要卖出股票，买入债券。

这时我们会发现，投资组合再平衡策略的操作就是买入价格下跌的资产，卖出价格上涨的资产。再平衡可以分为不同的类型。

一是定期再平衡，即每隔一定的时间，对自己的投资组合进行再平衡操作。间隔的时间可以是年、季度、月或周。选哪个频率进行再平衡操作，需要考虑一些其他因素，比如新标的的选择、新资金的投入等。

二是动态再平衡，即时刻记录投资组合的资产比例情况，当资产比例偏离目标配置一定程度后随即启动再平衡，将资产配置恢复到目标比例。触发动态再平衡的偏离程度可以是 5%，10%，15% 或其他值。

除了定期再平衡和动态再平衡，还有更加复杂的再平衡方法，比如定期再平衡和动态再平衡相结合、基于风险敞口的再平衡等。由于这些方法更加专业化，需要系统的金融知识，在这里就不展开讲解了。

对一个投资组合进行再平衡，可以给投资者带来不少好处。例如，再平衡可以为投资者带来每年 1%～2% 的超额回报，能够降低投资组合的风险，将投资组合的波动率平均降低 2%～3%，将最大回撤降低 5%～10%。因此，建立一套系统的再平衡机制，并且长期坚持执行，对投资者来说非常重要。

这里特别强调再平衡操作中投资者容易犯的几个错误。

一是将资产类型和股票市场混淆，在不应该再平衡的位置或时间点随意再平衡。

例如，一个投资组合包括 55% 的政府债券、5% 的公司债券、7.5% 的房地产信托和 32.5% 的股票。其中，股票资产类别的市场分布为 51% 的美国股市、3% 的加拿大股市、17% 的欧盟股市和 7.8% 的日本股市及 21.2% 的澳大利亚股市和亚洲股市。再平衡应该仅限于资产类别之间，在不同的股票市场之间不应该进行再平衡操作，因为在世界股票市场中并没有所谓的均值回归规律。例如，在 1990 年左右，世界股票市场市值分布大概是这样的：日本股市市值最大，约占世界股票市场市值的 46%；美国股市市值其次，约占 25%；剩下的由其他国家或地区的市场组成。但是，到了 2017 年，世界股票市场市值发生了很大变化。其中，最大的变化是日本股市市值大幅缩水，占比从 46% 下降到 7.8%；而同期美国股市市值从 25% 上升到 51%。主要原因是日本股市在 1990 年到达顶点后，开始急速下跌，日经指数从接近 4 万点，在短短几年内就跌去了超过一半。不妨想象一下，如果在这个过程中进行再平衡，就需要不断地购买日本股市中的股票，卖出美国和其他国家或地区股市中的股票，以将投资组合恢复到日本股市中的股票占 46% 的初始配置。但这样的操作就是错误的再平衡，会给投资者带来非常大的投资损失。

二是交易过度。很多投资者对再平衡策略非常推崇，因此，在投资组合中频繁地进行再平衡操作，试图将投资组合恢复到目标配置，不能有丝毫偏差。殊不知，投资者的每一次买卖操作都需要付出各种交易成本，包括佣金和摩擦成本等。在扣除了这些费用后，投资者的投资回报肯定会受到拖累，反而不如无为而治。

因此，投资者在制定再平衡策略时，需要找到一个平衡点。即投资者需要在控制再平衡频率和交易成本及保持投资组合的多元分散和提高投资回报之间找到一个巧妙的平衡点，这样才能将再平衡的价值发挥到极致。

相较而言，动态和静态再平衡组合是较好的方法。原因很简单，首先，动态再平衡可以保证任何资产大类的市值偏离目标一定程度后会自动触发再平衡机制，从而将投资组合的资产分配恢复到目标配置；其次，如果动态再平衡没有被触发，那么应该执行静态再平衡，保证每年对投资组合至少再平衡一次。这种动态和静态相结合的再平衡机制能够保证投资组合始终多元分散、低买高卖，在降低投资风险的同时获得更好的投资回报。

9.1.1　绩　效

绩效达标是调整首要考虑的因素。在一般情况下，之所以要调整资产配置比例，是因为收益没有达到预期，并且产品本身面临的风险过大。我们来看下面这个案例。

在调整前，客户张先生的总资产为 500 万元，其中投资资产 a 计划 100 万元，投资私募 b 计划 400 万元，具体内容见表 9-1。

表 9-1　张先生调整前的资产配置方式

产品名称	收益率（年化）	最大回撤
资产 a 计划	5%	−15%
私募 b 计划	11%	−42%

我们发现客户资产配置集中在风险较大的私募 b 计划中。而张先生想要以稳定收益为主，风险不能太大，所以，他希望对资产配置进行调整。表 9-2 为调整后的资产配置方式。

表 9-2　张先生调整后的资产配置方式

产品名称	收益率（年化）	最大回撤	配置金额
私募 b 计划	11%	−42%	100 万元
银行大额存单	4%	—	250 万元
宽基指数基金	2%～10%	—	50 万元
银行理财	3%	—	50 万元
龙头股股票	5%～100%	−35%	50 万元

经过调整之后，稳定收益的产品占到 70%，剩下的 30% 用于博取高收益。这样整体资产在短时间内不会出现太大的亏损，从而达到稳中有升的目的。

9.1.2　时　间

对于时间上的考虑，一般在资产的存续时间与投资者的用钱时间出现冲突时才需要调整。

我们来看下面这个案例。

元女士有 300 万元现金，目前的资产配置情况见表 9-3。

表9-3　元女士目前的资产配置

购买资产	金　额	收益率（年化）	时　间
银行定期存款	300万元	4%	3年

元女士的儿子即将结婚，在接下来的5年内将购买婚房。那么，元女士的300万元银行定期存款到期后就不能自动转存，因为一旦后面买房需要用钱，会将300万元全部取出。如果没到期则会按照活期存款利息计算，收益就会有损失，所以，元女士希望能调整配置。

调整后的方案有三种。

方案一：300万元的银行定期存款在三年期到期后可以存成3个月或6个月自动转存的定期存款。

方案二：见表9-4。

表9-4　元女士调整后的资产配置

购买资产	金　额	时　间
定期存款	100万元	3个月
定期存款	100万元	6个月
定期存款	100万元	1年

这样安排，每3个月前面两笔存款就会到期，如果要买房，在短期之内就可以取出，不仅流动性充足，而且利息有保障。

方案三：拿300万元购买6个月的银行贵宾客户理财，这种理财收益率高，流动性有保障。

9.1.3　"回头看"准则

"回头看"的收益性最好是"跳一跳够得着"，也就是收益一定要务实，如果定一个2 000%的收益率，虽然看起来激动人心，但是实现的概率基本为零。所以，收益目标的制定要现实，只有目标清晰，才知道这个目标具体怎么实现。

大家一定要记住，基本金融框架的收益性、安全性、流动性不可能同时出现。一定要客观、辩证地厘清它们之间的关系。

• 风险性：有收益就会有风险，要准确评估风险的大小。保守的风格不要选择高风险的产品，比如股票、私募等；激进的风格可以尝试一些新产品和新赛道，踏准风口就会获得几倍甚至几十倍的回报。

• 流动性：要根据资金的使用情况，估算资金的投资时间。如果在短时间内要用钱，就不要存定期及购买高风险的产品，因为一旦遇到风险或突发事件，而自己又着急用钱，不仅收益得不到保障，而且本金可能会有所损失。比如一年内要用到的钱就不要去投资股票，因为股票市场的变化非常快，普通人投资股票亏损的情况较多，而一旦处于亏损期，投资者就会非常被动。假设你原本有100万元，亏了40万元，此时你又着急用钱，你可能就要忍痛卖掉股票来应急。而如果你不着急用钱或者用闲钱来投资，那么你只需继续持有亏损的股票，只要公司不退市，不管是三年还是五年，早晚有一天，你亏损的钱还有可能会赚回来。

9.2 资产配置再调整的临界点

临界点是指关键时刻转折的那个点，这个点也许是无法忍受继续亏损的时间点，也许是准备搬往另一座城市下定决心的时间点，也许是婚姻开始的时间点，也许是婚姻结束的时间点。总之，它是一个决定事态往另一个方向走的"点"。

资产配置中的所谓"临界点"是指资本市场已经到了特别容易变盘的关键位置，一般发生在震荡区间的下方支撑位置或上方压力位置。其中，最关键的那个转折点就是所谓的临界点。比如股票价格在区间内来回震荡，需求方（多方）无力带动股价向上脱离区间继续走强，供给方（空方）也无力带动股价向下，这时走势就会发生逆转，也就是区间终究有被打破的时候，从而走向相反的方向。

当股票价格波动到区间下方时，下方的支撑位置就是临界点（也就是我们常说的反弹点）。如果这个位置被跌破，就是探底失败，供需格局会继续改变，后期会出现加速下跌的情形，这就可能造成大面积的"塌方"，很多人拿不住，就会选择离场；如果这个所谓的反弹点（临界点）没有被跌破，则表明尽管供给方（空方）"十分努力"，但没有打破这个临界点，在K线图上就会显示"金针探底"的形态，就可以认为支撑得到了加强。

相反，当股票价格运行到区间上方时，上方的压力位置就是临界点。如果这个位置被向上成功突破，则有可能改变当前的供需格局，出现加速上涨的情形；如果这个位置无法被突破，则表明尽管需求方（多方）"十分努力"，但没有打破这个区间高点，就可以认为阻力得到了加强。

所以，一旦出现这些临界点，就要引起特别的关注，毕竟它代表市场出现了分化，行情发生了变化，有时外界的一个新闻事件就可以改变整个行情的走势。

那么，不管市场是上涨还是下行，当我们发现有临界点出现时该如何操作呢？

从操作层面来讲，如果临界点获得支撑，收出止跌形态，那么一旦遇到空仓或仓位不重，就可以择时入场，点位可以选择比自己的止损点低的价格，比如止损点位是 15 元，那么重新入手的价格应该选择 15 元以下。如果临界点被跌破了，并且是放量跌破，则说明供给方占优，当前供需平衡的格局被打破，有可能是新一轮下跌的开始，需要预防风险。

这里有一个操作小窍门，那就是看公司的基本面和十大股东。如果由国企、央企持股，并且为前三大股东，那么在下行超过 50% 时就可以大胆地增加资金，一般增加目前单股余额的 3 ~ 5 倍资金。从历史数据来看，一只股票在自身没有问题的情况下跌破 50%，既没有股灾也没有熊市出现，通常有 80% 以上的概率会大幅度反弹。但是，如果公司全部由私人持股，而且市值在 50 亿元以下，那么加仓需要非常慎重，甚至要考虑逐步减仓。

对于临界点这种关键位置的关键 K 线，一定要仔细研究。比如宁德时代这只股票，如图 9-1 所示。股价从 692.00 元 / 股一路下跌到 353.00 元 / 股，一高一低会出现两个临界点 A 和 B。在 692.00 元 / 股的 A 点时，我们无法预测它会跌到 353.00 元 / 股的 B 点之后再反弹，但是如果已经追高，那么价格成本已经非常高了，在下跌时就不要盲目加仓，可以选择"等待"，前提是自己的手上还有资金。也许我们预测不到或错过了那个最低的 B 点，这时需要考虑是回本还是长期投资（不卖出）。如果买入资金是 10 万元，那么从高点 A 跌到低点 B，已经亏了 5 万元，要想回本，只能在 B 点附近加仓，在 C 点附近出货。如果想长期投资，那就只有慢慢地熬——坚信赛道是好赛道，通过慢慢加仓或做 T 来降低成本。

图 9-1　宁德时代 K 线图

9.2.1　资产配置品类考虑

再平衡操作中的资产配置品类主要从三个方面考虑：即收益、风险和流动性。关于收益，一方面要考虑收益的类型，另一方面要考虑收益的高低。其中，收益按区域分主要有境内收益和境外收益；按大众分类有分红收益、利息收益和资本利得；按收益高低可分为高收益、低收益、零收益和负收益（亏损）。

常见的基金品种在 2018—2020 年的收益情况见表 9-5。

表 9-5　2018—2020 年常见基金收益情况

基金品种	年化收益均值	最大回撤均值	年化波动均值
主动权益基金	18.7%	−25.7%	18.8%
股票指数基金	10.3%	−33.7%	23.2%
纯债型基金	4.5%	−2.5%	1.6%
含权债基	7.0%	−6.3%	5.5%
量化对冲基金	5.6%	−4.8%	3.8%
QDII 权益基金	10.7%	−30.5%	21.4%
QDII 债券基金	3.5%	−10.1%	5.5%
商品型基金	10.3%	−22%	15.8%

可根据基金收益率来筛选可买基金。不过，历史高收益的产品不代表未来也是高收益，因此，一定要查阅和分析收益数据背后的信息，之前讲过的那些挑选基金的方法在这里同样适用。

关于风险，以常见的四类基金为例，如图 9-2 所示。

由图 9-2 可知，高收益对应高风险。偏保守的投资者可选择低风险低收益的产品，激进的投资者可选择高风险高收益的产品。风险和收益一定要匹配，一旦错位，可能会影响最后的综合收益。

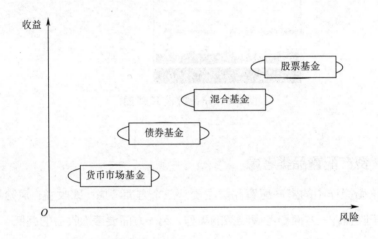

图 9-2　常见四类基金风险收益图

关于流动性，举两个例子。

例如，有两个投资产品，一个产品的年化收益率是 10％，并且可以随存随取；另一个产品的年化收益率也是 10％，但是必须投满一年，期间不能取出。请问你会选哪个？

又如，有两个投资产品，投资期限都是 10 年，一个产品每年都支付利息，另一个产品 10 年到期后一次性支付全部利息。假设两个投资产品的收益率是一样的，也不考虑时间成本、再投资回报等复杂因素，请问你会选哪个？

关于这两个问题，凡是有过投资经验的人都会选择第一个产品。因为不管是随存随取还是每年都支付利息，都能让我们在需要用钱的时候随时可以有拿到手的现金，相比之下更加灵活、方便，这就是投资的流动性。从时间上划分，流动性分为短期（3 个月以内）、中期（3 个月至 1 年）、长期（1 年以上）三种类型。

从广义上讲，流动性是指资产的转化能力。市场的流动性越高，进行即时交易的成本就越低。一般而言，较低的交易成本意味着较高的流动性。同样的拟交易规模，在流动的市场上进行交易需要付出较小的溢价。反之，在不流动的市场上交易则需要付出更大的溢价。把 100 万元存银行和用 100 万元买房，在流动性上的考虑是不一样的。后者不仅要求卖方办理复杂的手续，而且要求卖方在相应的时间内找到合适的、愿意出价的买家，这些都是不太容易做到的。

9.2.2 税务费用成本考虑

在资产配置和再调整过程中都会涉及税费，可能遇到的税种主要有资产持有税、交易税、所得税、传承税。

1. 资产持有税

对于个人资产来讲，尤其是目前国内家庭的主要资产是房产，那么，涉及的税费主要是房地产税（目前正在试点中）。近两年由于房地产行业不太景气，房地产产业链上的行业也受到巨大冲击，为了避免房地产税对整个房地产产业链造成巨大影响，目前这个试点范围并没有扩大。

2. 交易税

增值税是交易税中的主要税种，从 2016 年"营改增"开始，任何房产交易都会涉及增值税的缴纳。因此，如果大家将房产作为一种投资而进行配置，那么，在资产转化的过程中，增值税的缴纳不可避免，但对购房满两年的投资者免征增值税。

3. 所得税

所得税目前主要是指个人所得税。《中华人民共和国个人所得税法》规定，工资薪金、劳务报酬、稿酬、特许权使用费、经营所得、利息、股息、红利所得、财产租赁所得、财产转让所得、偶然所得均需缴纳个人所得税。这是在资产配置中涉及比较多的税种，几乎绕不开。在进行资产配置时，与个人所得税相关的收入主要包括以下几种：

● 利息、股息、红利所得。目前对银行存款利息和股票转让所得暂不征收个人所得税，但个人转让限售股的所得需要缴纳 20% 的个人所得税。

•财产租赁所得。对于个人和家庭来说，如果拥有不动产，比如房产的租金收入，就有个人所得税的征收可能。虽然目前市场上并没有对财产租赁所得严格征收个人所得税，但是随着各项法律法规的逐步完善，也不排除后续将其纳入征收监管范畴的可能。

•财产转让所得。转让有价证券、股权、建筑物、土地使用权等动产和不动产，目前除了股票买卖不收个人所得税，如果在资产配置中有大幅增值的资产，在转让过程中就会面临缴纳个人所得税的问题。往往此类交易涉及的标的物价值高、税点高，在进行交易之前，大家最好咨询专业税务筹划机构，避免重复缴税。

4.传承税

传承税主要包括遗产税和赠予税。虽然这两个税种目前在国内并没有实施，但早在 2004 年国家就起草了遗产税草案，并在 2010 年进行了修订，草案中免征遗产税总额仅为 80 万元，如果将来征收遗产税，那么大家遗留的财产将面临高额征税。

只要没有家族企业，大多数人就会觉得税收距离自己很遥远，其实税收就在每个人的身边。而合理的资产配置和税务筹划可以减少在税收、费用环节中出现的巨额支出。

9.3 资产配置"回头看"的范围

资产配置"回头看"的范围主要包括产品类型、需求、前景、收益、风险、流动性、参与者、地区、底层资产等，下面分别进行介绍。

•*产品类型*：产品按照风险测评和约束条件的配置比例是否合适及偏离度的大小来决定最终收益的影响大小。

•*需求*：对照资产配置方案的初始需求，通过前期的配置和再调整，检查家庭资产配置需求对应的目标是否实现。比如家庭成员有出国留学需求，通过资产配置进行了教育金的储蓄规划，那么，在回头看时，大家就要看看这个需求对应的目标是否实现，如果没有实现，则要分析没有实现的原因。

•*前景*：在回头看时，大家需要关注宏观→策略→行业→标的这个自上而下的

"行业"前景，也就是资产配置组合中的产品对应的行业、企业前景如何，比如有没有上升的空间、有没有收益增长的空间等。

● 收益：收益是回头看的重中之重。通过资产配置绩效分析，检查是否达到初始配置时设置的收益目标。

● 风险：看投资组合的风险系数是否需要变化，因为市场在变化，所以产品肯定也在变化。比如疫情导致外贸集装箱涨价，那么海运行业就会迎来一波大幅上涨期，此时供不应求，那么风险较之前就会降低。相反，同样受疫情影响，进入 2022 年，口罩生产厂商如雨后春笋般涌现，过剩的口罩涌入市场，直接导致市场由开始的卖方市场进入买方市场，市场明显供过于求，此时配置口罩行业的资产品种的风险相比于2020 年时就会加大。

● 流动性：家庭资产配置对流动性的要求很严格。随着家庭财务和家庭结构的变化，对流动性的要求也在变化，所以，在回头看时，大家要根据最新的家庭情况来适度调整资产的流动性。

● 参与者：参与者是指参与家庭资产配置方案和策略制定的人员。比如原来由男主人负责打理家庭资产，现在换成了女主人，她可能会在资产配置偏好和收益要求上有比较大的变动。

● 地区：回头看对地区的考虑主要受外部环境的影响而发生变动，大家只需坚持一个原则——哪里安全钱就会流向哪里，之后再额外考虑收益。

● 底层资产：底层资产是指配置了一些私募或其他高风险产品。在到期续签时，大家一定要注意对方产品的底层资产是否有变化，如果不仔细核对，则很有可能以为自己只是续签了一笔二期，实际上底层资产已经换到了某个容易爆雷的产品上。所以，一旦遇到需要重新走流程的资产，大家一定要"睁大眼睛看清楚"。

9.3.1　投资者需求

在家庭资产配置中，对于多数投资者来说，影响投资者需求的因素主要包括收益、投资期限和风险容忍度。除此之外，投资者还可能因为流动性、税收、监管要求等因素而产生一些特别的投资需求。在家庭资产配置中，每一位家庭成员都是投资者，而投资者的投资境况和需求会随着时间发生改变，因此，作为家庭资产配置的主理人，有必要至少每年进行一次重新评估。

1. 投资期限

投资期限是指投资者从配置资产到兑现日之间的时间长度，不同产品的投资期限会有差异。投资期限的长短会影响投资者的风险态度及对流动性的要求，投资期限越长则意味着投资者越能够承担更大的风险。因此，投资者首先要弄清楚自己投资期限的长短。

2. 收益要求

不同的家庭对于收益的要求存在差异。个人投资者可能会对自己未来某个时点的财富水平有一个最低的要求，这时他就会要求自己的投资收益率超过某一水平。收益率有名义收益率和实际收益率之分。实际收益率在名义收益率的基础上扣除了通货膨胀的影响。对于长期投资者而言，应该关注的是实际收益率，因为实际收益率能够反映资产实际购买力的增长率，而名义收益率仅仅反映了资产名义数值的增长率。如果投资的名义收益率与通货膨胀率相等，那么资产的实际购买力将没有任何增长。

3. 风险容忍度

投资者的风险容忍度取决于其风险承受能力和风险承担意愿。其中，风险承受能力取决于投资者的境况，包括资产负债情况、现金流情况和投资期限；而风险承担意愿取决于投资者的风险厌恶程度。风险承担意愿对个人投资者而言更为重要。但即使是机构投资者也需要确定一套风险管理原则，对投资者的风险承担加以限制，以确保机构投资者不会因为投资者损失而导致违约或破产等严重后果。保险公司等金融机构在承担投资风险时往往还受到监管约束。

4. 流动性

流动性是指投资者在短期内以一个合理的价格将投资资产转化的容易程度。转化需求会影响投资机会的选择。如果投资者存在转化的需求，则应当选择流动性高的投资品种。流动性高是指资产能够在短时间内以合理的价格迅速转化，而不需要支付较高的成本。流动性与收益之间通常存在一种替代关系。对于同类产品来说，流动性更差的产品往往具有更高的预期收益率。

5. 其他情况

在家庭资产配置中，如果家庭成员在资金和事业上有特殊需求，则需要单独考虑，比如创业。

9.3.2　投资前景

在进行资产配置时如何判断一个产品是否有投资前景？大家可以做好以下三步。

第一步，通过产品宣传册或网页对即将购买的产品有一个初步的了解。要遵循一个原则，即收益越高，风险也就越高，如果一个产品的收益比同类产品的收益高太多，那么其背后多半有问题。

第二步，仔细阅读产品说明书，了解产品的本质，穿透底层资产、底层逻辑和资金的最终用途。在说明书背后找到答案，即钱被拿去干什么了，最终是谁在用这笔钱。要仔细分析研究这个"谁"，看看他有没有资格、是否合法及风险大小。一般在搞清楚这些问题之后，对这个产品的本质也就一目了然了。

第三步，基于对产品的了解和分析，综合评估产品的收益和潜在风险。这里强调一句，做投资和资产配置要有自己的认知，不要只听别人告诉你的信息。要慎重考虑自己要不要投资。如果要投资，那么投多少钱合适。

9.4　资产配置再调整的方法

与前面讲的再平衡不同的是，前面讲的再平衡偏理论，而这里的再调整更注重操作层面的应用。

在进行资产配置再调整时，大家要牢记"均值回归"这一原则，结合家庭风险收益偏好，采取资产强弱表现再调整、固定周期性再调整、目标权重再调整等多种方法，依靠"资产配置 + 再调整"来实现家庭资产配置目标。

"均值回归"是金融市场中的基本规律之一。这一理论认为，从较长时期来看，资产价格总是围绕价值呈现周期波动。换句话说，价值洼地总会被填平，泡沫也总有破灭的一天。

资产配置再调整的实际操作有如下几种：

1. 卖出绩效优异的资产，买入绩效欠佳的资产

在投资者的投资组合中，分散配置的大类资产在一个时期内的强弱表现总会有所差别。对于涨幅较高的资产，投资者可以通过减仓来兑现盈利，如图 9-3

所示。精华制药在卖出盈利退本之后，成本价直接跌到负数，如果长期看好这个标的，则可以一直持有，即便未来资产价格大幅下跌，也不会造成巨大损失。同时，买入跌幅较大的资产，以换取其未来上涨过程中产生的收益。买入跌幅较大的资产要注意标的本身有没有问题，如果买到有问题的标的，比如 ST 科迪、ST 乐视等，那么将给自己带来巨大的损失。

图 9-3　精华制药持仓分时

2. 卖出绩效欠佳的资产，买入绩效优异的资产

相反地，在进行资产配置再调整时，还可以考虑卖出收益表现较差的资产来获得流动性，进而将其配置到表现较好的资产上，以此来获得将来资产价格上涨带来的收益。比如美盈森（股票代码为 002303），如图 9-4 所示。

图 9-4　美盈森股票走势图

可以看到，不管是近 5 年的走势还是每天的走势都很疲软，有时一整天都在 0.01 元上下波动，这种标的就是特别不理想的。如果持有这类性质的股票，那么大家应该果断卖出，进而寻找优质标的进行配置。

3. 固定周期性再调整

从字义上来看一目了然，固定周期性再调整是指按照一定的周期，一般按季度或按年对投资组合进行再调整。之所以采用这种方式，是因为大类资产价格会呈现周期性涨跌的规律。

例如，在美股中，经常有人说"Sell in May（5 月卖出）"，原因是在每年 5 月前后美国多数地区会迎来春假，投资者在节前一般会减仓来增加手上的现金流用作旅行经费，像 A 股在节前都有节日效应一样，尤其是跨年，也会引起市场的波动，这些交易习惯对于资产配置再调整具有不小的影响。

在这个过程中，大家把握好再调整周期的度很关键。最忌讳频繁的再调整，因为它会产生较高的交易费用，而频率较低又会影响资产配置再调整的效果。

比如一只优质股票处于强势上涨期，如果再调整的周期过短，大家就会错过成长的红利，还没有积累相对多的浮盈就减持股票，投资组合的收益就会受到影响。相反，如果再调整的周期过长，则结果可能是一轮上涨行情已经结束，投资者需要进入下跌阶段才能进行再调整。此时，上涨阶段中的投资收益可能还没来得及兑现就大幅缩水，这也会影响投资组合的表现。比如如图 9-5 所示的盘龙药业（股票代码为 002864）。

图 9-5　盘龙药业股票走势图

如果投资者配置了这只股票，在高位时就要采用前面讲过的动态再平衡策略减仓优质标的，以降低成本、抵御风险。如果从 2022 年 1 月开始一直持有，不加也不减，就既享受了账面浮盈的喜悦，也承受了账面亏损的紧张，最终还影响了收益率。

4.目标权重再调整

在进行资产配置时，大家除了要确定各类资产的比例，还要考虑对大类资产的目标权重进行提前规划。

换言之，在初始阶段，大家就需要明确各类资产在投资组合中占比的合理波动范围，当某类资产在投资组合中的权重偏离过大时，就要着手对其进行再调整。此时，需要根据个人的风险收益偏好，预设一个合理的、可承受的波动范围。例如，当投资组合中某类资产的收益偏离10%或20%时，就需要对资产配置进行再调整。

9.4.1 单一产品导向

单一产品导向是指一笔资金固定投向一个产品。例如，有一笔赔付金20万元，原来买的是国债，但是收益率不高，现在"回头看"时，自己想在收益率上面有所提高，这就需要对产品进行重新配置。此时，需要对照三要素——风险、收益、流动性来进行产品的变更。虽然单一产品导向比较简单，但也需要注意两点：一是不能频繁操作，因为频繁操作只会增加手续费和摩擦成本，遇到市场风向改变还会遭受损失；二是必须严格遵守约定。在制订投资计划后，既不能随意更改产品的类型，也不能随意更改操作的时间。如果经常改来改去，那么"回头看"再调整就没有多大的意义了。制定资产配置方案的目的就是让它发挥作用，因此，执行是实现结果的重要环节。

9.4.2 多元化投资组合策略

在资产配置再调整中，多元化投资组合也要遵循"均值回归"的市场铁律。如果再调整投资组合是为了追求更高回报，力图以高收益投资组合来博取更高的投资收益，那么风险也在不断地增加，当风险累积到一定程度后，市场一旦发生极端情况，崩盘的概率是非常大的。

多元化投资组合对资产配置再平衡非常重要，因为它能有效地分散投资风险。一个科学的多元化投资组合策略能在给定风险的前提下提高回报率，在给定回报率的前提下降低风险。要使多元化产生预期的效果，投资组合中的资产应具备合理的回报、风险和相关性特征。

　　大家要想获得综合收益，就要坚持降低投资组合相关性的原则。金融市场来回波动，股票、债券、大宗商品、房地产等大类资产都在按照无法预知的走向上下摇摆。在一定周期内，大类资产同涨同跌的概率比较小。在更多的时候，一些大类资产正在上涨的同时可能另一些大类资产正在下跌。由于不同类型的资产对应的风险与收益不同，那么由此可以构建一个低相关性的投资组合，比如在经典的 60/40 股债投资组合中，投资者可以加入量化对冲产品等，以此来显著改善投资组合的抗风险能力。

9.5　资产配置再调整的费用问题

　　资产配置再调整的费用一般涉及交易手续费、佣金、管理费、税费等，大家应该注意的问题有三个，即费用费率会因产品类型而异、了解费用结构和隐性成本。一般收益率偏低的产品对应的相关费用也比较低。例如，货币市场基金的相关费用是最低的，不仅因为货币市场基金的收益率低，还因为货币市场基金的整体运营成本相比于其他类型基金的整体运营成本要低。了解费用结构，以基金为例，在进行基金配置时，费用通常包含申购费（募集期为认购费）、赎回费、销售服务费、管理费、托管费及基金发行运作的其他相关费用，一般在交易规则里面都有详细的说明，具体内容如图 9-6 所示。

图 9-6　基金运作的各类费率

1. 申购费

申购费是投资者在购买基金时支付的手续费。申购费费率通常随申购金额的增多而降低。但是，投资者在不同平台上购买基金的申购费费率不尽相同，比如，在一些第三方平台上常会出现一折的申购费费率，或者在一些基金公司的官方 App 上按照要求购买基金甚至可以享受零申购费。所以，大家在进行资产配置再调整时可以在申购费上多进行比对，以获取最优惠费率。一般而言，一次性收取申购费更有利于长期投资，尤其在申购费有优惠时优势更为明显。

2. 赎回费

赎回费是投资者在卖出基金时支付的手续费。赎回费费率通常随持有期的增加而降低，还可能受到赎回金额的影响。有些基金会对巨额赎回收取惩罚性赎回费并归入基金资产。

3. 销售服务费

销售服务费是一种笼统性收费类目，其中包含支付给销售机构的佣金、基金管理者的营销广告费及一些服务类型的费用。在通常情况下，持续收取销售服务费的方式更有利于短期投资。

4. 管理费

管理费是支付给基金管理人的管理报酬。国内大多数基金收取固定费率的管理费，即按照基金资产净值的一定比例收取管理费。

5. 托管费

托管费是指基金托管人为保管和处置基金资产而向基金收取的费用。如果按平均计算，海外基金的托管费较其他基金的托管费偏高。

6. 基金发行运作的其他相关费用

基金发行运作的其他相关费用是指除上述费用外的其他相关费用。不同基金在此项费用上的差异特别大。然而，遗憾的是，投资者无从得知每种费用的明细，只能从披露的定期报告中寻找蛛丝马迹。

除以上费用外，在基金交易市场上还有一些不容易被关注的隐性成本，比如交易费用和市场冲击成本等。交易费用是指基金在买卖证券时支付的相关费用。一般而言，交易费用随交易频率的增加而增加；但是，如果基金是通过高频交易来获取超额收益的则另当别论。市场冲击成本是指在交易中需要迅速且大规模地买进或卖出，未能按照预定价位成交导致交易时间变长从而多支付的成本。如果基金的申购和赎回都是长期且均衡的，那么市场冲击成本会比较低。

总之，资产配置再调整中涉及的费用与初次购买的费用种类大致相同。大家只需坚持一个原则，即尽可能少花费用，节省的费用就是获得的利润。一位优秀的资产配置投资者一定会严控费用支出，使投资收益最大化。费用管理做得好，投资收益少不了。

第 10 章

新兴市场资产配置

当家庭资产达到一定水平之后，大家就会考虑多样化的投资，新兴市场投资就属于其中一种。新兴市场占全球经济总量的 60% 以上，占全球 GDP 增长的 70% 以上，尽管短期波动，但长期回报出色。这是需要对新兴市场进行配置的原因。在资产配置策略的选择上，应该选择战略性的而不是战术性的。虽然战术性资产配置策略可以利用市场出现的波动来提升综合收益，但是新兴市场资产配置应该采用战略性资产配置策略。

本章将探讨新兴市场具体包括哪些市场、新兴市场上有哪些机遇和风险、在新兴市场上进行资产配置时如何选择标的、具体怎么配置、新兴市场上有哪些骗局，以及如何构建多元化新兴市场投资组合。

10.1　哪些市场属于新兴市场

新兴市场是市场经济体制逐步完善、经济发展速度较快、市场发展潜力较大的市场。按照国际金融公司的权威定义，只要一个国家或地区的人均国民生产总值（GNP）没有达到世界银行划定的高收入国家水平，那么这个国家或地区的股票市场就是新兴市场。有的国家尽管经济发展水平和人均 GNP 水平已进入高收入国家的行列，但由于其股票市场发展滞后，市场机制不成熟，仍被认为是新兴市场。和传统行业相比，互联网行业是真正意义上的新兴市场。

新兴市场具有以下特点：

第一是低投资、高成长与高回报。前面讲过，新兴市场公司常常比同类公司增长速度要快，新兴市场的股票定价效率低下为取得高回报提供了可能。定价效率低下又是由监管阻碍、缺乏严格受训的证券分析师和投机者占多数等原因造成的。

第二是分散化投资带来的好处。新兴市场的出现拓宽了可选择投资品种的范围，这使得投资组合进行全球性分散化经营成为可能。

第三是反经济周期的特性。由于新兴市场国家所实行的财政政策和货币政策与发达国家的迥然不同，新兴市场国家的经济和公司盈利循环周期与发达国家的股票指数相关度很低，有的甚至是负相关，因此，在一些国家出现不利的经济循环时，对新兴市场的投资可以有效对冲上述不利影响。

第四是市场规模普遍偏小。比如，整个菲律宾股票市场的市值还没有美国杜邦一家公司的市值大。

第五是投机者和追涨杀跌的投资者占多数。这种投资者结构造成的直接后果是经典的股票估值技术在新兴市场上常常不适用，股票的定价通常取决于投资者的情绪。

第六是新兴市场的投资者普遍不成熟。比如，许多投资者认为越便宜的股票越有价值，而这些想法都是不成熟的表现。

新兴市场国家的现状是虽然大多互联网基础设施略差、移动互联网渗透率有限、人均可支配收入较少、贫富差距较为明显、付费意愿一般，但具备较强的发展潜力，人口基数相对较大，对互联网产品有更多需求。

10.2 新兴市场上的机遇和风险

除了新兴市场经济体的宏观环境机遇，各国政府出台有利政策和措施，新兴市场经济体有一个重要的现象，即中产阶层具有巨大的消费能力，进而带动制造业、消费行业、服务行业等领域的增长。这一现象是全球性的，尽管仍有一些地区正在经历饥荒、贫穷，但总体而言，世界人均 GDP 增长速度非常快。快速增长的消费能力和互联网相结合，使人们认识到原来有这么多商品值得拥有，这促使他们对高品质生活形成更高的追求，进而形成了一个又一个高速增长的行业，比如智能手机。10 年前，新兴市场的智能手机需求占全球智能手机需求的 20%～30%；而现在新兴市场消费了超过 10 亿部智能手机，占全球销量的 70%。这是因为单部智能手机的价格下降了许多。

现在除了手机市场，新能源汽车市场也是一个大家都在角逐的新市场，在这些行业里都存在着巨大的潜在投资机会。当然，有机遇的同时也有潜在的风险。

10.2.1 机　　遇

新兴市场上到底存在哪些机遇? 从中长期来看，新兴市场经济体采取了一些积极的措施，比如政府出台政策对经济的和贸易的支持，以及信贷的增长和结构的改善；又如，政府对民营企业提供更多的资金和流动性支持，那么经济将逐渐充满活力。

技术是未来，因为它为过度的流动性和全球通货膨胀提供了最终解决方案。尤其是那些拥有强大知识产权的科技公司，大家会看到自下而上的机会。

10.2.2　风　　险

新兴市场上的风险主要有政治风险、国家信用风险、外汇风险、经济风险（价格风险）和流动性风险。

如果投资者配置了投资海外新兴市场的国家产品来追求获取综合收益，那么市场风险基本上是绕不开的，新兴市场国家大多使用的是小币种，而不是国际主流货币，而小币种的汇率比国际主流货币的汇率波动大。

与发达国家相比较，新兴经济体在国家政治治理、实行经济改革、弥合社会分歧等方面面临更多的约束和挑战，社会与政治稳定性较差。

在新兴市场上投资很容易，但是兑现落袋并转汇比较难。为什么呢？比如在债券方面，自 2010 年以来，新兴市场上的企业未偿债务飙升了400%。虽然有大量的证券可供投资，但流动性不仅仅关乎供给。由于一些新兴市场国家银行数量减少，并且这些银行的做市业务规模较小，因此，在许多情况下，当投资者希望退出市场时，往往流动性不足。

10.3　新兴市场上的产品选择

新兴市场上产品的选择要坚持以下三个原则：

一是坚持长期眼光。比如 5 年、10 年、15 年之后的投资情况。如果用短期思维来做新兴市场配置，则不如好好把国内市场的产品研究清楚，加上谨慎操作就可以了。

二是多元化投资。除了需要选择经济增长的经济体配置产品，还需要在种类上做到多样化，这一点适合配置资金较多的家庭选择。比如除了黄金的其他资产类别，如商品、房地产，这类资产可在全球降息及第四轮量化宽松环境中提供通货膨胀保护。此外，配置增长资产（如股票）与上述逻辑相同，增长资产类别往往会在全球降息和经济放缓的背景下提供长期通货膨胀保护。

三是做好背景调查，做好选择。无论是投资债券、基金还是股票，在配置之前都应该做好背景调查，清楚自己要配置产品的具体情况，不懂不碰，看不明白则坚决不买。

对于想进入新兴市场配置产品的普通投资者来说，最好的投资方式是什么？相比个股和债券而言，共同基金和交易所交易基金更适合大多数投资者，因为在新兴市场上研究和交易单只证券往往难度很大。交易所交易基金以一种普遍具有成本效益的方式提供了非常广泛的风险敞口，而且费用较低。大多数交易所交易基金都被动地跟踪市场指数。

10.3.1 合理比例

这里的比例分为两种情况：一是新兴市场投资比例占总配置的份额；二是新兴市场投资产品各类的占比。在最初设置比例时，存在一个最大风险损失的数值，即投资一笔钱最大亏多少金额是投资者能够承受的，比如投资100万元，你可能觉得亏20万元算少的，但是亏30万元就有点儿多了，有点儿承受不住。由此得出的投资组合最大损失就不能超过20%，用85%的资金配置国内债券型基金，用15%的资金配置国外债券型基金，以保证最坏的情况不会超过20%的最大损失，这样的比例做到了与市场环境和自己的心理都匹配的情况。当然，在现实中不会这么粗放地按照85%和15%来进行资产配置。

资产总额不同，可投资新兴市场的比例不同。表10-1将资产总量分为四个等级，供配置参考。

表10-1 资产总量四个等级

序　号	可投资资产	投资新兴市场比例
1	≤100万元	≤10%
2	100万～300万元	≤15%
3	300万～10 000万元	≤20%
4	1 000万元以上	≤30%

如果大环境可控，则可以把比例放大一些；如果大环境不好，风险增大，则可以把比例调小一些。

新兴市场内部投资的产品怎么选择？如果有孩子在国外留学，则建议将基金、黄金和房产作为首选，占大头；如果是普通投资者，单纯参与海外资产的配置，则可专注选择基金、大宗商品和其他的金融产品投资，金额巨大可委托专业机构打理，不建议自己直接投资。

10.3.2　理性配置

新兴市场其实是一个相对比较宽泛的概念，它包含很多不同的经济体。有些经济体比较依赖大宗商品，比如巴西（农产品、铁矿石）、俄罗斯（天然气）等。有一些经济体比较依赖劳动力，比如印度等。所以，新兴市场又是一个较为复杂的市场。大家在进行资产配置时一定要保持理性，要配置相对安全的、经济增长的、产业行业健康的赛道。虽然有的时候新兴市场的收益非常诱人，但是风险也高，对于普通家庭来说，配置新兴市场的最佳方式是"间接尝试，循序渐进"。选择对新兴市场有敞口的公募基金或交易所交易基金，通常比选择单一的新兴市场股票和债券要安全得多。而在主动和被动基金的选择上，通常被动跟踪指数的交易所交易基金更好，因为交易所交易基金能够跟踪更加广泛的市场，从而最大限度地分散风险。

目前，国内很多家庭成员自身的理财知识都不完善，在面对复杂多样的投资渠道和投资产品时，往往会暴露出一些非理性行为，比如"凭感觉交易""先持有再说"。有些投资者对自己的投资理财水平盲目自信，或者被高息吸引，结果直接上当受骗，损失本金。

所以，大家要想做好资产配置，就要理性地、自始至终地坚守自己的交易系统和投资理念。

10.4　新兴市场上的最佳资产配置组合

什么样的资产配置组合用在新兴市场配置上可以称得上最佳？拥有10%黄金的资产配置组合。即如果用100万元配置新兴市场产品，那么，请拿出10万元配置黄金。配置一定比例的黄金是必要的，具体原因如下：

1. 全球经济下行

影响黄金价格走势的因素有很多，如主流货币的汇率、原油价格的波动、供需关系的变化及通货膨胀等。在全球经济下行、市场风险因素加大的背景下，配置一定比例的黄金可以起到避险的作用。

2. 长期配置的考虑

市场上短期内黄金价格的波动主要是因为"避险情绪"的变化。所以，为了对冲可能持续的风险，可以适当配置部分黄金，以起到避险的作用。从长期配置的角度来看，黄金的配置比例可能占到5%～10%，虽然收益不高，但是能很好地对抗抛售风险和通货膨胀。在全球央行纷纷"放水"的趋势下，黄金是对冲通货膨胀最好的工具。但在通货紧缩时，要警惕黄金价格与权益类资产价格同步下跌。

3. 物以稀为贵

黄金的全球总供给量很少，全世界的黄金地下库存只有56 000吨左右。而且黄金的可开采成本非常高，每年黄金的新增量非常有限。所以，在一个最佳的资产配置组合中一定要有一定比例的黄金。

第 11 章

资产配置的长期原则

资产配置必须坚持长期原则，因为大家都知道，投资的目的是让自己的闲钱保值、增值，而不是通过资产配置一夜暴富。

追求高收益而忽略资产配置的科学性，要求资产配置年化收益率超过 20%，误认为自己比巴菲特强等，都是不切实际的想法。大家可以看看世界排名前三的长期基金的收益率如何。

- 耶鲁捐赠基金 2003—2023 年的平均年化收益率是 11.4%。
- 哈佛捐赠基金 1991—2023 年的平均年化收益率是 12.8%。
- 普林斯顿基金 1999—2023 年的平均年化收益率是 12.6%。

这三只基金都是存续时间足够长的基金，都没有超过 20% 的年化收益率。大家拉长时间维度之后就会发现，资产配置不仅要坚持长期原则，而且自己预定的收益目标必须符合实际。所以，大家在进行资产配置的过程中要追求长期稳定的盈利。当然，最好的办法是每次购买产品时都能买在低位，绝不追高。

这也给了我们一个启示：如果想配置基金、股票或其他金融产品，则需要购买拥有长期较高投资收益率且熊市时也能做到回撤幅度小的资产。

11.1　资产配置五大原则

1. 理财 72 法则

理财 72 法则能够迅速计算出理财收益与时间之间的关系。比如我们有一笔年利率是 X% 的理财，复利计息，那么用 72 除以 X，得出的数字就是本金和利息之和翻一番所需的年数。如果现在把 10 万元存银行，年利率是 6%，每年利滚利（复利），那么存款 10 万元变成 20 万元需要多长时间？用 72 除以 6 就是答案，即 12 年。

理财 72 法则同样可以用来计算货币的贬值速度。比如通货膨胀率是 3%，72÷3=24，那么，在 24 年后，你现在的 1 元钱只能买 5 角钱的东西了。

2. 跨资产类别配置

所谓跨资产类别配置，即"把鸡蛋放在不同的篮子里"。在投资组合中应当包含保险保障资产类、固定收益类、房地产金融类、二级市场类等不同类别的资产。不同类别的资产，其风险与收益的匹配性不一样。科学配置不同类别的资产，能够达到平衡风险和收益的目的。

3. 跨地域、跨国别配置

跨地域、跨国别的资产配置要求投资者的资产配置不能局限于国内市场，不能持有单一货币的资产，需要降低资产的关联度。想要接轨国际市场、提高资产收益，最佳选择就是跨区域投资，持有多种货币，分散汇率风险。

4. 另类资产配置

另类资产配置能够博取的收益很高，不过伴随的风险系数也比较高，以私募股权、风险投资、母基金等为代表。这类资产配置比较适合风险偏好高、资产系数大的高净值客户群体。

5. 2210 定律

2210 定律是一个关于家庭保险投资的比例设置，指的是保险额度不要超过家庭收入的 10 倍，以及家庭总保费支出以占家庭年收入的 10% 为宜。

11.2　从长远视角看资产配置

曾经看到这样一则真实的故事：

大约 10 年前，有两位在某专业培训领域很厉害的老师。老师 A 的演讲表达能力了得，开办了一期又一期的线下培训班，在当时赚了不少钱。老师 B 的演讲表达能力稍弱，个人魅力也稍弱，所以，在开办培训班这件事上，其优势不如老师 A。于是老师 B 在前期花了很多时间，沉下心来写作，出版该专业领域的书籍资料。然而，10 年后的今天，大家猜猜情况怎么样呢？老师 A 已经被人们遗忘，而老师 B 却成了该领域家喻户晓的名人。他写的书卖得很好，他开办的培训班也在行业内数一数二。

这则故事是一个短期思维和长期思维引发不同结果的体现。为什么很多人愿意像老师 A 一样，而很少有人会选择走老师 B 的路？答案是前者能得到立竿见影的效果，而后者出结果的时间太长了，很少有人愿意花时间去等待一个长期的、未知的结果。资产配置也是一样的，从长期来看，要不断地选产品、改方案，以及根据人员、财产的变动来调整对应的策略和目标、调整组合。这样做虽然短期看不到明显的变化，但从长期来看，对于整个家庭、家族的代代相传和蒸蒸日上是非常有意义的。如果只注重短期收益，那么赚得越多花得越多。一个人如果在年轻时不考虑保障和养老，孩子还没有长大不考虑出国或接班家族企业，那么，一旦其中任何一个环节出现突发情况，就会手忙脚乱，甚至整个家族开始走下坡路。

11.3　做有价值的事

在做任何事之前，都要先按重要程度、性质好坏进行分类，分清主次或按价值大小排序，优先且着重做最有价值的事。一个人如果分不清主次，就只能碌碌无为。所有人的时间和精力都是有限的，所以，大家对时间的管理非常重要。图 11-1 为时间管理四象限。

时间管理——要事第一

工具1：用"四象限原理"规划时间

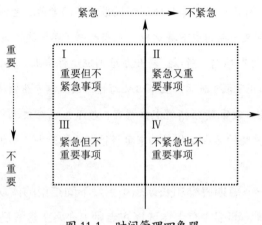

图 11-1　时间管理四象限

对于日常工作而言，有价值的事具有技术性、专业性、创造性的特点，而低价值的事具有机械性、简单、重复性的特点。那么，在时间安排上和在重视程度上都要以前者为先。

对于资产配置而言，有价值的事是产品、公司、行业研究和投资学习复盘、投资理念分析，而低价值甚至无价值的事则是听消息、看行情、盯盘和刷手机。因此，要想做好资产配置，需要按事情的价值大小排序，优先处理价值大的事情，拒绝随机而来的一些事，避免让自己陷入被动。

大家要想做好资产配置，还需要积累以下一些知识来丰富自己的交易体系。

•研究公司，丰富自选库。两个月至少研究一家公司，形成详细的书面报告。

•阅读投资类书籍、文摘、研报，每月至少读两本书。

•投资复盘。对于操作上和结果上的失利要认真复盘，分析错误原因，找到正确的解决办法。重点放在月度和季度复盘上，复盘要有深度和反思。

•拒绝长时间盯盘和频繁交易。资产配置策略和方案一旦形成，就不要天天守着大盘或市场看，避免一点点波动就使自己情绪激动，甚至放弃自己的策略和原则，开始频繁交易。

11.4　等待好机会

通过资产配置获得一个相对满意的收益率，不仅需要具有良好的心理素质和研究能力，还需要具备精选产品的能力；不仅能正确看待价格与价值的关系，还能在看准机会的同时耐心等待机会。以股票投资为例，在哪些情况下值得花时间等待呢？

首先，大家要明白自己买入的不仅仅是一只股票，更是一家企业。优质企业具备高增长、需求大和市场关注高等特点，不要因为短期的波动而割舍长期的收益。其次，如果大家通过分析和评估判定一家企业是优质企业，就要坚定持有。等待并不是盲目的，而是基于对股票的价值判断和对市场的趋势判断，一旦确定就要耐心地等待最佳时机。投资就像一系列"商业"棒球比赛，要取得高于平均水平的业绩，必须耐心等待，直到企业进入"最佳"击球方格里再挥棒。

目前，尽管 A 股市场上仍然充满诸多不确定因素，但市场上现金流良好、持续有良好业绩表现的蓝筹股或在转型期间有政策支持的成长股等都是良好的投资标的。大家只有学会在投资过程中发现机会、抓住机会并等待机会"绽放"的最好时机，才能分享上市公司成长带来的合理可持续回报，甚至获得长期稳定的综合回报。

11.5　时间陪你慢慢变富

谈到"时间陪你慢慢变富"，大家就会劝自己一定要践行长期原则，而这不仅需要认知相匹配，还需要资源相匹配。用合适的资金匹配合适的资产，这一点非常重要。如果在进行资产配置时选择策略失误，出现短钱长投的情况，则可能会因种种意外因素而被迫调整投资策略。

1. 一定要有足够的耐心，接受慢慢变富的现实

资产配置最核心的环节是投资，大家需要有足够的耐心，接受慢慢变富的现实。因为产品对应的是企业价值，股价上涨需要时间来兑现。巴菲特在被问到

"你的投资体系这么简单，为什么别人不做和你一样的事情"时他的回答是：因为没有人想要慢慢变富。所以，大家在践行长期原则时，一定要有足够的耐心，摒弃各种噪声，不受周围人的影响，让自己慢慢变富。仔细研究就会发现，巴菲特持有的产品超过 10 年的比比皆是。

2. 长期思维是终局决定布局

无论是办企业、做投资还是搞研究，都是长期的马拉松而不是短跑，拼的是实力，更是耐力，只有将目光聚焦于长期价值的创造，才不会被短期利益诱惑。日积月累、日拱一卒，定会收获丰厚的回报。正如查理·芒格所说，一位投资者一生中能发现一到两个真正杰出的、长存的公司（平台），并坚持长期投资，就已经十分富有了。

真正的投资往往立足于长远、躬耕于价值，大家要坚信自己对平台的认知、对价值投资的坚持。时间最为公正，它会证明你的选择是正确的，你终将成为自己命运的掌舵人。